무기의 탄생

KODEF 안보총서 69

세계사 이면에 숨은 무기의 탄생 비화

무기의 탄생

초판 1쇄 인쇄 2014년 4월 1일
초판 1쇄 발행 2014년 4월 7일

지은이 남도현
펴낸이 김세영

책임편집 김예진
편집 이보라
디자인 송지애
관리 배은경

펴낸곳 도서출판 플래닛미디어
주소 121-894 서울시 마포구 월드컵로 8길 40-9 3층
전화 02-3143-3366
팩스 02-3143-3360
블로그 http://blog.naver.com/planetmedia7
이메일 webmaster@planetmedia.co.kr
출판등록 2005년 9월 12일 제313-2005-000197호

ISBN 978-89-97094-50-9 03550

KODEF
안보총서
69

세 계 사 이 면 에 숨 은 무 기 의 탄 생 비 화

무기의 탄생

남도현 지음

플래닛미디어
Planet Media

그래도 없는 것이 더 좋지 않을까?

순수하게 생리학적 관점으로만 본다면 아마도 인간은 지구상에 등장한 생물 중 가장 나약한 존재일 것이다. 최고의 격투기 챔피언이라도 코끼리와 싸웠을 때의 결과는 굳이 예측할 필요조차 없다. 우리 안에 갇혀 있는 유순한 소나 돼지 같은 가축이라도 흥분해서 날뛰면 인간의 물리적 힘으로는 막을 수 없다.

인간은 악어처럼 강한 이빨이나 사자처럼 매서운 발톱이 없어서 맹수들과 정면으로 맞서 싸울 수 없다. 치타처럼 빠르지도 않고 말처럼 멀리 달리지도 못하기에 위험이 닥쳐도 피하기 어렵다. 혹한 지역의 북극곰, 사막의 낙타처럼 가혹한 자연환경에서 살 수도 없다. 먼 바다를 돌아서 회귀하는 연어나 지진 징조를 감지하는 조류처럼 생존본능이 뛰어나지도 않다. 알에서 깨어나 곧바로 독립적인 객체로 생을 시작하는 어류나, 역시 태어나자마자 걸어 다니며 어미의 젖을 빠는 다른 포유류와 달리, 인간은 태어난 후 상당 기간 지극한 보살핌을 받지 못하면 생존하기 어렵다.

그럼에도 인간은 지구의 지배자가 되었다. 인간이 생물 중에서 가장 나약한 존재임에도 불구하고 이런 위치에 오르게 된 이유는 사고思考를 할 수 있기 때문이다. 인간은 생각을 통해 학습하고 실수를 정정하면서 부족하거나 모자란 부분을 보충할 수 있다. 예를 들어 다른 동물들에게 '불'은 단지 피해 다녀야 할 두려움의 대상이었지만 인간은 이를 적절히 이용할 줄 알았다. 이처럼 학습 능력이 있는 인간은 자연 현상에서 삶의 수단을 발견하기도 하고 스스로 창조하기도 했다. 그러한 궁리 속에 탄생한 도구는 인간이 먹이사슬의 가장 위에 서도록 만들었다.

엄밀히 말해 현재 인간이 사용하는 모든 제품이나 상품도 도구의 일종이다. 자연적인 것을 그대로 이용하는 동물들과 달리 인간은 모든 분야를 인위적으로 창조해냈다. 하다못해 먹는 것도 재배와 사육을 통해서 조달하다 보니 가장 기본적인 의·식·주 모두가 넓은 의미에서 인간이 살기 위해 사용하는 도구라 할 수 있다.

종종 돌을 이용하여 딱딱한 것을 깨는 일부 동물의 행동이 뉴스가 되기도 하지만 그것이 일반적이라 할 수는 없다. 오로지 인간만이 생존의 수단으로 도구를 이용했다. 맹수처럼 날카로운 이빨과 강력한 주먹은 없지만 그냥 물려 죽지 않으려 돌을 주워 던지거나 나뭇가지를 꺾어 대항했다. 주변에 흔하디흔한 돌과 나무는 인간이 처음으로 사용한 도구이다.

지금까지의 연구 결과를 바탕으로 유추한다면 인간이 처음 돌이나 나뭇가지를 가지고 한 행위는 먹고 살기 위해 뭔가를 부수거나 위협하는 존재에 맞서는 것이었다. 인간이 최초로 사용한 도구가 바로 무기이기도 하다는 뜻이다.

무기는 '싸울 때에 공격이나 방어의 수단으로 쓰이는 도구'를 의미한다. 이를 넓게 해석한다면 내가 살기 위해 사용하는 도구라는 뜻이다. 먹잇감을 찾거나 나를 보호하기 위해 사용하는 무기는 약하디약한 인류가 지금까지 살아남는 필수요건이 되었다.

그런데 언제부터인가 이러한 생존의 도구를 타인을 살상하는데 사용하기 시작하면서, 인간은 도구를 이용하여 같은 종을 살상하는 유일한 생명체가 되었다. 이러한 살상 행위는 시간이 갈수록 필요 이상으로 흔해졌다.

지금도 문명권과 떨어져 사는 사람들을 보면 비록 무기를 사용하지만 먹고 살기 위한 것 외에 불필요한 살상은 하지 않는다. 하지만 정작 도덕을 논하고 문화만 야만을 구분하기 시작하면서 더욱 많은 무기가 필요하게 되었다. 그래서 최초 돌이나 나뭇가지에서 시작한 무기는 시간이 갈수록 다양하고 강력하게 변모해 갔다.

결국 생존을 위한 사냥이나 외부의 공격으로부터 자신을 보호하기 위한 수단이 아닌 살상과 파괴만을 목적으로 하는 무기가 탄생하기에 이르렀다. 이 모든 것이 인간의 무한한 욕심 때문에 벌어진 일인데, 결국 싸움의 규모가 커가면서 전에는 전혀 예상하지 못한 무기까지 등장했다. 그 결과 더욱 많은 사람이 고통 속에 죽거나 다쳤다. 그런데 아이러니한 점은 새로운 무기가 등장하고 살상과 파괴는 더욱 심해졌는데도 정작 인류 역사는 발전을 거듭했다는 것이다. 새로운 무기의 등장이 없었다고 인간의 물질문명이 현재보다 더 발전했을 것이라 장담하기는 힘들다.

인류사는 무기와 함께 시작되어 함께 발전해왔다. 그래서 무기는 시대상을 반영하는 자화상이기도 하다. 인류가 처음 나타났을 때 최고의 무기였던 돌은 지금은 더 이상 치명적인 무기로 대접을 받지 않는다. 모든 무기는 인간이 사용할 경우에만 무서울 뿐이다. 인간의 역사와 더불어 발전한 것이다 보니 무기의 개발과 등장, 퇴출에는 저마다 이유와 사연이 있다. 물론 이런 사연은 무생물인 무기 스스로 만든 것이 아니라 이를 사용한 인간들이 만들어낸 이야기다. 본문에 소개한 내용은 20세기 이후 등장한 여러 무기 속에 담긴 이야기들이다.

특정 회사의 엔진에 관한 이야기나 사라질 듯하면서 끈질기게 생명을 이어가는 거대 전함의 생애는 마치 사연 많은 인간의 삶을 보는 것 같아 흥미롭다. 역사를 발전시킨 도전과 응전이라는 말처럼 조기경보기와 해상초계기의 탄생은 결코 어느 일방의 독주를 허용하지 않는 치열한 경쟁사회의 축소판 같다. 20세기 이후 공격기, 호위기, 수직이착륙기, 항공모함, 기관단총 같은 새로운 무기체계의 등장은 승리의 대한 인간의 욕심과 의지가 얼마나 강고한지 알려주는 사례이다. 제로 전투기, U-2 정찰기, 미라주 전투기의 이면에 숨어 있는 격렬한 역사는 단지 보이고 알려진 것만이 전부가 아니라는 증거이다.

강대국에 둘러싸여 고단한 삶을 살아온 우리 역사에서도 무기와 관련된 이야기가 많은데, 그중 대표적인 사례가 우리 의지와 전혀 관련 없이 인천에서 만들어진 잠수정이다. 한편 자주국방을 실현하기 위한 기갑부대의 변천사나 국산 전투함 개발의 역사는 무에서 유를 창조한 엄청난 기록이다.

이처럼 살상을 위해 탄생한 무기에는 숨은 이야기가 많이 있다. 무기를 운용하는 당국이나 기관의 입장에서 본다면 규격이나 성능이 가장 중요하므로 이런 이면의 이야기는 단지 부수적인 것뿐이다. 하지만 무기가 제작 목적대로 사용된다는 것은 비극이고, 되도록 그런 일이 없기를 바라는 것 또한 인지상정이다.

무기는 굳이 발전하지 않고 정체하거나 퇴보하는 것이 더욱 좋은 몇 안 되는 분야 중 하나이다. 설령 전쟁을 벌이더라도 양편에서 사용하는 무기의 살상 능력이 높지 않다면 그만큼 피해가 줄어들 것이다. 개인적으로는 단지 무기가 흥밋거리로 즐길 수 있는 이야기의 소재로만 존재하기를 바랄 뿐이다. 이 책은 필자의 그러한 작은 희망을 담은 담론이라고 할 수 있다.

본문에 소개한 내용 중 일부는 각종 온라인매체와 잡지에 틈틈이 기고한 글을 가져온 것이다. 처음부터 하나의 일관된 주제를 놓고 쓴 글은 아니었으므로 각 글마다 직접적인 관련은 그다지 없다. 하지만 무기에 얽힌 뒷이야기들은 결국 '무기 자체가 아니라 결국 인간의 이야기'라는 공통점이 있어서, 이들을 모아 한 권으로 엮게 되었다.

이 책을 쓰는데 많은 이들의 도움이 있었다. 먼저 항상 아낌없는 우정을 베풀어주는 소중한 친구들의 존재가 얼마나 고마운지 나이가 들수록 더욱 절실히 깨닫게 된다. 플래닛미디어의 김세영 사장님과 직원분들, 조선일보 유용원님과 한국국방안보포럼(KODEF) 관계자분들, 프리미엄조선의 김기훈님, 네이버의 이윤현님·정낙수님, 국방부 대변인실의 한아름님, 육군본부의 김광식님, 해군본부의 배은기님, 방위산업진흥회의 김민욱님, 밀리돔의 최현호님, 김민기님을 비롯하여 도움을 주신 많은 분에게 인사를 전한다. 하지만 무엇보다 가장 힘들고 어려울 때 항상 옆에 있어준 가족들이 없었다면 글을 쓰기 어려웠을 것이다.

2014년 4월
남도현

차례

chapter 1

롤스로이스 인사이드

◆◆◆

비행기의 심장 ────────

지금 앞에서 사용 중인 PC의 본체를 가만히 쳐다보면 성능을 좌우하는 심장부인 CPU(중앙처리장치)가 인텔^{Intel}사의 제품임을 의미하는 '인텔 인사이드$^{Intel\ Inside}$' 스티커가 붙어 있는 경우가 많을 것이다. PC시장에 미치는 인텔의 영향력은 가히 대단하여, 그동안 인텔이 새로운 CPU를 제작하여 출시하면 여기에 맞춰서 차세대 PC 하드웨어의 규격이 정해질 정도였다.

최근에는 이동통신과 결합한 스마트폰이나 태블릿처럼 새로운 개념의 휴대용 컴퓨터가 대세로 떠오르면서, 컴퓨터의 트렌드가 서서히 바뀌고 있는 중이다. 하지만 지난 PC의 역사를 반추한다면 인텔의 위치는 실로 대단하다고 할 수 있다.

애플^{Apple}사의 맥^{Mac} 시리즈에 사용하던 모토롤라^{Motorola} 68계열 CPU처럼 구조가 완전히 다른 경우도 있지만, AMD나 사이릭스^{Cylix}처럼 인텔의 CPU와 완벽한 호환성을 자랑으로 내세우는 클론제품이 나올 만큼 인텔은 세계 PC시장에서 독보적인 위치를 차지해왔다. 그래서 PC 본체에 붙은 인텔 인사이드 스티커는 소비자에게 최고의 품질을 보장하는 업계 1인자로서 자신감을 나타내는 것이라 할 수 있다.

항공기에 있어서 PC의 CPU만큼 중요한 역할을 하는 핵심 부품이 바로 엔진이다. 비행기의 가장 중요한 목적은 비행이고 비행을 하기 위해서는 양력^{揚力}이 발생할 충분한 힘이 필요한데, 엔진은 바로 이러한 힘을 만들어내는 기본적인 원천이다. 설령 무동력인 글라이더라 하더라도 활공이 가능하려면 결국 동력의 도움을 받아 위치에너지를 낼 수 있는 고도까지 올라가야 한다.

민간 항공기도 좋은 엔진을 필요로 하지만 군용기, 특히 고난도의 비행능력이 요구되는 전투기에게 엔진의 중요성은 두말할 나위가 없다. 민간용이라면 엔진을 선택할 시 판단 기준은 성능과 더불어 상업적 이익을 극대화할 수 있는 경제성이겠지만, 전투기에 사용하는 엔진의 경우는 기계적 성능이 최우선이다. 따라서 좋은 전투기는 당연히 그에 걸맞는 고성능의 엔진을 장착하고 있다.

비행기에서 가장 중요한 부분은 단연코 엔진으로, 롤스로이스는 이 분야를 선도하는 대표적 기업이다. 한국 공군 FX 사업의 후보기종이었던 유로파이터의 강력한 EJ200 터보팬 엔진도 롤스로이스 XG-40을 기반으로 제작되었다.

그런데 비행기 엔진의 역사는 오래되었지만 정작 이를 제작하는 업체는 그다지 많지 않다. 전투기에 사용되는 엔진은 웬만한 기술적 기반이나 노하우 없이 제작하기 어려운 하이테크 제품이기 때문이다. 그중 영국계 롤스로이스Rolls-Royce PLC가 만든 일련의 엔진은 전투기 개발사에 그 명성을 길이 전하고 있다.

흔히 롤스로이스는 최고급 자동차를 제작하는 업체로 많이 알려져 있다. 하지만 이는 다른 사업 분야에 비해 일반인이 쉽게 접할 수 있는 제품이 자동차라서 그런 것이지, 사실 롤스로이스는 정밀기계공업 분야 전반에 걸쳐 상당한 노하우를 지닌 유서 깊은 기업이다. 현재 롤스로이스의 자동차 분야는 독일 BMW에 매각되어 더 이상 영국계 회사가 아닌 점에 비한다면, 정밀기계공업의 꽃인 비행기 엔진 분야는 아직까지 세계적인 경쟁력을 유지하고 있는 몇 안 되는 영국의 제조업체이다.

이 때문에 롤스로이스에는 비행기 엔진, 특히 전투기 엔진과 관련하여 역사적으로 상당히 재미있는 일화가 많다. '롤스로이스 인사이드'인 전투기들이 근대 밀리터리 역사에서 만들어낸 보기 드문 몇 가지 에피소드를 소개한다.

적을 탄생시킨 롤스로이스 ──────

사상 최대의 전쟁이었던 제2차 세계대전 와중에 하늘을 배경으로 수많은 전투가 벌어졌는데, 그중에서 유럽과 아프리카 전선에서 종횡무진 맹활약한 루프트바페Luftwaffe[1]의 수많은 무용담은 아직까지도 길이길이

---

1 제2차 세계대전 당시의 독일 공군.

전해 내려온다.

당시 루프트바페는 전사에 길이 남을 만한 수많은 에이스[2]를 배출했는데 그중에는 적기를 무려 100기 이상 격추한 슈퍼에이스도 부지기수였다. 전쟁 초반기에 지상군 기갑부대와 공지합동작전을 펼쳐서 전쟁의 새로운 패러다임이 된 전격전[Blitzkrieg]을 완성한 업적도 루프트바페의 명성을 드높였다. 거기에 더해서 지금도 각종 프라모델의 인기 아이템일 만큼 멋있는 독일제 군용기들 또한 루프트바페를 뚜렷이 각인시켰다.

독일의 전술기들은 인상적인 외관도 그렇지만 당대 톱클래스에 오를 만큼 성능도 좋았으며 수많은 파생기종이나 실험기종까지 등장하여 마니아들의 눈을 즐겁게 해준다. 특히 전쟁 내내 사용된 전투기 Bf-109와 급강하폭격기 Ju-87의 인기는 시대를 초월한다.

제2차 세계대전을 상징하는 폭격기 중 하나인 독일 공군의 Ju-87도 처음에는 롤스로이스의 심장(엔진)을 가지고 태어났다. 〈CC BY-SA / Bundesarchiv / Karnath〉

---

2 대개 공대공전투로 적기를 5기 이상 격추한 조종사를 뜻한다.

지속적인 개량을 거쳐서 탄생 초기보다 성능이 좋아지기도 했지만, 1930년대 초반에 개발된 플랫폼인 Bf-109, Ju-87 등이 종전 시점까지 계속 사용되었다는 것은 그만큼 원형이 뛰어났다는 의미이다. 같은 시기에 독일 기갑부대의 주력 전차가 장난감 같은 1호, 2호 전차에서 전쟁 말기에 티거 같은 중^重전차로 바뀐 것만 봐도 전쟁 내내 사용된 Bf-109나 Ju-87은 훌륭한 비행체였음이 틀림없다.

한마디로 Bf-109와 Ju-87은 제2차 세계대전을 상징하는 대표 아이콘이고 그 자체가 루프트바페라 해도 이의가 없을 무기사의 명품이다. 그런데 의외의 사실은 제3제국의 극성기를 상징하던 이들의 탄생을 롤스로이스를 떼어놓고 설명하기가 힘들다는 점이다. 결론적으로 롤스로이스가 만든 '심장'의 도움을 받아 천하의 Bf-109와 Ju-87이 탄생한 것이다.

독일은 전통의 기계공업 강국이지만 당시에는 베르사유조약[3]으로 인하여 무기로 전용될 수 있는 분야는 연합국의 감시와 제한을 받았다. 따라서 히틀러가 재군비를 선언하고 전투기 개발을 시작했을 때 막상 독일에는 신뢰할 만한 국산 엔진이 없었다. 아이러니하게도 이때 개발 단계에 있던 독일 실험기에 엔진을 공급한 곳이 롤스로이스였다.

1930년대 초반까지만 해도 전투기에 장착할 만큼 소형이면서 강력한 힘을 내는 수랭식^{水冷式} 엔진을 만들 수 있는 기업이 많지 않았는데 영국의 롤스로이스는 그중 독보적인 존재였다. 하지만 최신형 엔진은 대외 반출이 엄격히 제한되는 전략물자였기 때문에 독일이 원한다고 획득할 수는 없었다. 따라서 독일은 일단 상업적 거래로 구매가 가능한 구

---

3 제1차 세계대전 결과 연합국과 패전국 독일 사이에 체결된 강화조약. 독일의 대한 응징과 전쟁 재발에 초점을 맞추고, 독일군의 병력 수나 보유할 수 있는 무기 등 독일의 군비에 많은 제한을 가했다.

롤스로이스의 케스트럴 엔진. 본의 아니게 영국과 목숨을 걸고 싸울 적기들의 신생아 시절에 귀중한 심장이 되어 주었다. 〈CC BY-SA / Nimbus227 at en.wikipedia.org〉

형의 롤스로이스 케스트럴^{Rolls-Royce Kestrel}(이하 케스트럴) 엔진을 민간 항공기용으로 사용하겠다며 도입했다.

사실 독일에게는 엔진과 같은 핵심 부품을 외부에 의존한다는 것이 몹시 자존심 상하는 일이었다. 하지만 동체 개발과 엔진 개발을 분리하여 신예기 개발에 소요되는 시간을 최대한 단축하려는 합리적인 사고방식이 있었기 때문에 우선 영국제 엔진의 도입이 이루어졌다. 명분보다 실리를 취한 것이다.

예를 들어 재군비 선언 후 새롭게 탄생한 루프트바페의 주력 전투기로 채택되기 위해 경합을 벌인 Bf-109, He-112, Ar-80, Fw-159의 4개 후보 기종 중 Fw-159를 제외하고는 모두 케스트럴 엔진을 장착했고, 급강하폭격기로 낙점된 Ju-87도 공식 실험 1호기에 동종 엔진을 탑재했다.

이후 본격적으로 제식화 시점에 들어서는 그 사이 개발에 성공한 독일 다임러벤츠Daimler-Benz사의 엔진이나 융커스Junkers사의 엔진을 탑재하지만, 전쟁 내내 영국을 지겹도록 괴롭힌 루프트바페의 주력 Bf-109와 Ju-87의 탄생에 롤스로이스가 본의 아니게 도움을 주었다는 사실은 역사의 아이러니라 할 수 있을 것 같다. 독일 공군에게는 영광의 시기를 그리고 영국 공군에게는 시련의 시기를 동시에 가져온 요인 중 하나가 바로 롤스로이스 인사이드였다.

우연히 탄생한 최강의 전투기 ──────

뮌헨회담[4] 협정문의 잉크가 채 마르기도 전에 히틀러가 이를 휴지조각으로 만들어 버리면서 주변국에 대한 야욕을 더욱 노골적으로 드러내자 유럽에는 다시 전운이 감돌기 시작했다. 이제 영국도 독일에게 더 이상 평화를 구걸하지 말고 본격적으로 전쟁에 대비해야 했다. 그런데 병력은 동원령을 선포하면 쉽게 확충할 수 있었지만 무기가 문제였다.

그중에서도 생산에 많은 시간과 자원이 투입되는 고성능 무기를 신속히 구비하기가 곤란한 상황이었다. 특히 독일과 비교하여 절대 열세로 평가되던 공군력의 확충은 단시일 내 이룰 수 있는 것이 아니었다. 영국도 스핏파이어Spitfire나 허리케인Hurricane 같은 수준급 전투기를 제작하여 제식화하고 있었지만 수량이 충분하지 않았고 생산량을 급속히 늘리기도 어려운 상태였다.

결국 영국은 시급한 부족분을 해외에서 조달하기로 결정한 후 미국

---

4 1938년 9월에 있었던 영국, 프랑스, 독일, 이탈리아 4국 사이의 정상회담. 체코슬로바키아의 수데텐란트(Sudetenland)를 독일에게 할양하는 대신 독일은 더 이상의 영토 요구를 하지 않기로 결정했다.

으로 전투기구매사절단을 파견했다. 당시 미국은 중립을 견지했지만 영국에 우호적이어서 얼마든지 최신식 무기를 공급할 의지가 있었다. 미국에 파견된 영국사절단이 구매를 확정한 기종은 당시 미 육군의 주력 전투기 P-40 워호크Warhawk였다.

P-40은 원래 커티스Curtiss사의 제품이었는데 커티스의 생산능력이 부족하여 영국이 구매하기로 한 수량은 노스아메리칸North American사에서 하청생산하기로 했다. 그런데 영국사절단이 생산시설을 확인하기 위해 노스아메리칸을 방문하자, 이 회사 사장인 킨들버거James H. Kindelberger가 의외의 제안을 했다.

"우리에게 넉 달의 여유만 주시면 P-40을 훨씬 능가하는 최고 성능의 전투기를 만들어 드리겠습니다."

사실 사절단이 구매하기로 한 P-40은 빨리 조달할 수 있다는 이유만으로 선정한 것으로 스핏파이어나 독일의 Bf-109 메서슈미트에 비한다면 성능은 미흡했다. 개발 비용도 노스아메리칸이 대고 기한을 맞추

우연한 기회에 노스아메리칸은 영국의 사절단에게 새로운 전투기를 제안했고, 영국은 이를 구매하여 머스탱 Mk1으로 명명했다.

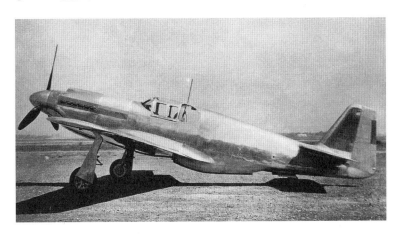

지 못하면 위약금까지 물기로 하여 특별히 손해 볼 것이 없다고 생각한 영국은 이 제안을 수용했는데, 노스아메리칸은 NA-73으로 명명한 시제기를 약속대로 4개월 안에 제작하여 영국 측에 선보였다.

킨들버거의 주장대로 NA-73은 P-40보다 객관적인 성능이 뛰어난 것으로 판명되었고, 흡족한 영국은 NA-73에 머스탱 Mk1(이하 머스탱)이라는 제식명칭을 붙여 대량 구매를 결정했다.

그런데 막상 실전배치된 머스탱은 중고도 이상으로 올라가면 기동 능력이 급격히 저하하면서 공대공전투에서 실망스런 성능을 보여주었고, 결국 영국 공군은 울며 겨자 먹기로 구매한 머스탱의 주 임무를 대지공격으로 변경했다. 이 점은 비슷한 시기에 노스아메리칸으로부터 NA-73을 차세대 전투기로 제안 받은 미 육군항공대도 마찬가지여서 이를 공격기인 A-36 아파치Apache로 명명하고 소수만 도입했을 뿐이다.

당시 영국해협을 건너와 영국 본토를 공습하는 적기를 공대공전투로 무찌르는데 당장 한 기의 전투기도 아쉬웠던 영국은 이러한 머스탱의 성능에 몹시 실망했다. 비록 보검 스핏파이어와 마당쇠 허리케인이 있었지만 수량이 부족한 그들만으로 연일 불벼락을 내리는 독일 공군을 감당하기가 너무 버거운 상태였기 때문이다.

저고도에서는 스핏파이어 못지않은 경쾌한 능력을 보여주는 미국산 야생마가 중고도 이상으로만 올라가면 갑자기 노쇠한 퇴역마가 되어버리는 근본적인 결함이 아무래도 장착되어 있는 미국제 앨리슨Allison사의 V-1710 엔진 때문인 것 같다는 파일럿들의 보고가 계속 이어지자, 영국군 당국은 스핏파이어의 엔진을 제작하던 롤스로이스에게 자세한 성능시험을 의뢰했다.

롤스로이스는 수십 차례의 실험 결과 머스탱의 동체 구조는 오히려 스핏파이어를 능가할 만큼 뛰어난데 문제는 일선의 주장대로 엔진이라

스핏파이어의 심장으로 유명한 롤스로이스 멀린 엔진이 이식되면서 머스탱은 역사상 최강의 프로펠러 전투기가 되었다. 〈CC BY–SA / JAW at en.wikipedia.org〉

는 결론을 내리게 되었다. 그래서 스핏파이어 Mk9에 사용되는 롤스로이스 멀린 61$^{Rolls\text{-}Royce\ Merlin\ 61}$(이하 멀린) 엔진을 머스탱에 장착하여 시험해 보기로 했지만, 사실 이때까지도 그저 성능이 조금만 업그레이드되면 다행이라는 심정으로 큰 기대는 하지 않았다.

1942년 4월 멀린 엔진으로 심장이식수술을 받은 5기의 머스탱이 차례차례 하늘로 날아올라 시험비행에 돌입했다. 그 결과는 엄청났다. 바야흐로 역사상 최강의 프로펠러 전투기가 탄생한 것이다. 이후 제트기가 실용화되면서 머스탱은 5년도 되지 않아 주력 전투기의 지위에서 물러났지만, 지금까지도 성능에 있어서 이를 능가하는 프로펠러 전투기는 없을 정도이다.

엔진을 바꾼 머스탱은 저고도건 고고도건 상관없이 종횡무진 날뛰며 놀라운 기동능력을 보여주었고 속도 또한 시속 700km가 넘는 당대 세계 최고였다. 거기에다가 스핏파이어보다 무려 3배가 넘는 항속거리를

현재까지도 최고의 프로펠러 전투기라는 명성을 지니고 있는
P-51 머스탱의 신화는 롤스로이스의 엔진과 함께하고 있다.
P-51은 한국 공군 최초의 전투기이기도 했다. 〈US Air Force〉

비행할 수 있었다. 스핏파이어를 위하여 제작된 멀린 엔진의 진짜 주인공이 바로 머스탱이라는 소리가 나올 정도로 그 결과는 가히 상상을 초월하는 것이었다.

1941년 12월, 일본의 진주만 공격으로 자연스럽게 연합군의 일원이 된 미국에게는 사실 개전 초만 해도 쓸 만한 전투기가 없었다. 육군의 주력이던 P-40은 독일의 Bf-109는 물론이거니와 일본의 함상전투기인 제로에도 성능이 딸리는 구시대의 유물이었는데, 이러한 미국에게 대서양 건너 영국으로부터 날아든 머스탱의 급변신 소식은 빅뉴스였다. 영국을 위해서 탄생하고 영국제 심장을 이식하여 개량한 머스탱은 미국에게도 구세주가 되었다. 목이 말라 넓은 사막을 헤매고 다녔는데 정작 발밑에 엄청난 수량을 자랑하는 오아시스가 있던 것과 같은 상황이었다.

미국은 영국 정부와 롤스로이스의 도움으로 멀린 엔진을 면허생산하여 이를 새롭게 제식번호가 부여된 P-51 머스탱에 장착했고 이 적토마는 순식간 유럽 하늘의 지배자가 되었다. 특히 장거리 항속능력을 바탕으로 해서 전략폭격기 편대의 든든한 엄호자로 자리 잡아 전쟁을 최종적으로 승리로 이끈 전투기가 되었다. 이것은 바로 '롤스로이스 인사이드'의 승리이기도 했다.

맞수에게 이식된 심장 ————

제2차 세계대전 당시 유럽전선에서 하늘의 맞수라면 독일의 Bf-109와 영국의 스핏파이어로, 이 둘은 지금도 당대 최고의 전투기들이라는 명성을 지닌 불후의 명작들이다. 독일과 영국의 개발 당사자들뿐만 아니라 하늘에서 목숨을 걸고 칼을 섞은 파일럿들도 흠잡을 데 없는 훌륭한 상대라고 인정했고, 지금도 이들을 능가하는 프로펠러기를 만들기가 어려울 만큼 그 능력이 뛰어났다.

설계도 잘되었지만 우열을 가릴 수 없을 만큼 훌륭한 심장들을 가지고 있었기에 Bf-109와 스핏파이어는 하늘의 왕자로 등극할 수 있었다. 이들의 심장은 현재도 정밀기계공업 분야에서 최고로 손꼽히는 독일의 다임러벤츠와 영국의 롤스로이스가 자존심과 명예를 걸고 심혈을 기울여 제작한 명품들이었다.

특히 스핏파이어에 공급된 멀린 엔진은 앞에서 소개한 것처럼 P-51 머스탱의 심장도 되어 준 당대 최고의 피스톤엔진이었다. 최고의 전략

한 시대를 풍미한 영원한 맞수로 너무나 유명한 스핏파이어와 Bf-109.
〈왼쪽: CC BY-SA / Bryan Fury75 at fr.wikipedia.org, 오른쪽: CC BY-SA / Kogo at en.wikipedia.org〉

물자라 할 수 있는 멀린 엔진이 미국에게 공급될 수 있었던 것은 영국과 미국의 굳건한 동맹관계 때문이다. 당장의 승리가 급박한 당시에는 좋은 성능의 부품으로 같은 편 무기의 성능을 향상시킬 수 있다면 당연히 우선지원 대상이었고, 이 때문에 전쟁기간 중 영국보다 미국에서 더 많은 멀린 엔진이 생산되었다.

그런데 하늘에서 스핏파이어의 호적수였던 Bf-109의 심장으로 멀린 엔진이 달린 적이 있다. 정식으로 제식화된 Bf-109에 영국의 전략물자인 멀린 엔진을 탑재했다는 사실은 상당히 의외인데, 여기에는 조금 재미있는 사연이 있다.

제2차 세계대전 중 대외적으로는 중립을 표방했지만 내전기간 동안 독일에게 많은 도움을 받았던 스페인은 자국 공군용 전투기로 독일의 Bf-109를 선정했다. 독일은 잠재적인 추축국 참가대상으로 여기고 있던 스페인에게 오늘날 자동차 무역 분야에 많이 사용되는 CKD(Complete Knock Down)[5] 방식처럼 부품을 공급하여 스페인에서 기체를 조립생산할 수 있도록 조치했는데, 이때 Bf-109 중에서도 가장 최신식이라 할 수 있는 G형의 면허생산을 허락했다.

스페인 남부 세비야Sevilla에 메서슈미트의 지원으로 Bf-109 전투기 조립공장을 세운 히스파노 항공사Hispano Aviacion는 1942년 총 25기 분량의 부품을 공급받아 조립에 착수했는데 막상 제대로 완성을 보지 못했다. 전쟁이 격화되어 독일 자체의 수요가 딸려서 엔진과 같은 핵심부품이 제대로 공급되지 못해서였는데, 히틀러의 기대와 달리 스페인이 이리저리 핑계를 대면서 추축국 참가를 계속 거부하던 것도 한 원인이었다.

전쟁이 끝나고 스페인은 기존에 도입한 시설과 재료를 이용하여 자

---

5 부품이나 반제품 상태로 수출해서 목적지에서 조립되어 완성품으로 판매되는 방식.

재현 행사에 Bf-109 대역으로 등장한 HA-1112. 롤스로이스의 엔진을 탑재하면서 카울링의 배기구 위치가 Bf-109와 차이가 난다. 〈GNU Free Documentation License / Kogo at en.wikipedia.org〉

력으로 Bf-109의 제작을 완료하기로 했는데, 원래 Bf-109에 사용하던 다임러벤츠의 DB605A 엔진이 독일의 패망으로 도입이 불가능해지자 대신 자국산 히스파노수이사Hispano-Suiza 엔진을 장착하여 기체를 1951년 완성하고 이를 HA-1110로 명명하여 제식화했다.

하지만 히스파노수이사 엔진은 DB605A 엔진과 비교할 수 없을 만큼 성능이 부족하여, 같은 동체를 썼음에도 불구하고 전쟁 후에 만든 HA-1110의 성능이 전쟁 전에 탄생한 Bf-109에 미치지 못했다. 결국 고민을 거듭한 스페인군 당국은 영국으로부터 멀린 엔진을 도입하여 장착하기로 결정했다.

6·25전쟁을 기점으로 본격적인 제트기 시대로 접어들면서 멀린 엔진도 더는 중요한 전략물자로 여기지 않았지만, 스핏파이어의 호적수였던 Bf-109의 새로운 심장으로 채택되는 반전이 벌어진 것이다. 1954

년 멀린 엔진을 장착한 Bf-109의 스페인 버전은 HA-1112 부촌^{Buchon}이라는 이름이 붙었는데, 이것은 1967년까지 현역에서 활동한 최후의 Bf-109였다.

이후 부촌은 1969년 제작된 〈공군대전략^{Battle of Britain}〉을 비롯하여 수많은 영화에 Bf-109의 대역으로 등장하여 스핏파이어와 공중전 장면을 재연했다. 따라서 영화에 등장한 두 라이벌의 심장은 모두 멀린 엔진이었고 이것은 롤스로이스 인사이드 간의 대결이라고도 할 수 있다.

칼날이 되어 돌아온 롤스로이스 ─────

제2차 세계대전 종전 시점에 최초의 제트전투기인 Me-262의 등장은 하늘의 주역이 더 이상 프로펠러기가 아님을 뜻하는 변곡점이었다. 이제 프로펠러기가 도저히 흉내 낼 수 없는 속도를 자랑하는 제트기의 시대가 된 것이다. 그런데 최대의 승전국인 소련은 제2차 세계대전 동안 야크^{Yak} 같은 좋은 전투기를 제작하여 사용했지만 당시까지 항공기 분야를 선도하는 선진국은 아니었고 특히 제트시대로 진입하기 위한 기술기반은 상당히 취약했다.

이것은 새로운 세계질서 구축에 소련이 공산권 맹주로서 역할을 제대로 하지 못할 수도 있음을 뜻하는 것이었다. 소련은 Me-262에 사용된 융커스의 유모^{Jumo} 004 엔진을 노획하여 복제하기도 했지만 출력이 부족하여 차기 제트기의 심장으로 적당하지는 않았다. 결과에 집착한 수호이^{Sukhoi} 설계국은 엔진뿐만 아니라 Me-262를 그대로 복제하여 소련이 자력으로 만든 제트기라고 공산당 지도부에게 자랑하다가 스탈린의 분노를 부르기도 했다. 그만큼 전후 소련 기술진의 다급함은 상당히 컸다.

　그런데 전혀 엉뚱한 곳에서 역사가 바뀌었다. 영국 정부가 1946년 말, 전쟁 당시 동맹국이었던 소련에게 우호의 증표로 최신형 제트엔진인 롤스로이스 넨Nene Mk1(이하 넨) 엔진을 선물한 것이다. 그것은 최신의 전략물자를 외국에게, 그것도 장차 적으로 등장할 것이 명약관화한 국가에게 선뜻 제공한 정치가들의 어처구니없는 행동이었다. 당연히 보수적인 영국 군부는 극렬히 반발했다.

　사상 처음으로 제트기 He-178과 제트전투기를 만들어 하늘로 날린 나라는 독일이지만 제트엔진을 처음으로 만든 나라는 영국이다. 군인이자 엔지니어였던 휘틀Frank Whittle이 1937년 최초로 제트엔진을 만든 이후 영국은 이 분야에서 가장 많은 노하우와 기술력을 지녔다. 특히 롤스

군부의 반발을 무릅쓰고 소련에게 제공된 롤스로이스의 넨 엔진. 당대 최고의 전략물자라 할 만했다.
〈CC BY–SA / JAW at en.wikipedia.org〉

소련에게 전해진 최신기술은 얼마 지나지 않아 미그-15라는 비수가 되어 돌아왔다. 사진은 1953년 9월 북한군 노금석 소위가 몰고 귀순한 기체로 현재 미 공군 박물관에 전시 중이다. 〈US Air Force〉

로이스는 현재에도 제너럴일렉트릭(GE), 프랫앤휘트니(P&W)와 더불어 제트엔진 분야를 삼분하고 있다.

독일도 제트엔진 만큼은 영국에 훨씬 뒤져 있었다. 독일의 Me-262도 엔진의 성능이 좋지 않아 그 성능을 십분 발휘할 수 없었을 정도였다. 그러니 Me-262 탑재 유모 엔진을 복제한 소련의 제트엔진 성능이 좋을 리 없었다. 그런데 때마침 소련에게 기증된 넨 엔진은 당시 소련산 제트엔진의 추력을 2배나 상위하는 고성능이었다.

이것은 엔진 때문에 고민을 거듭하던 미그^{MiG} 설계국에게 좋은 선물이 되었다. 미그 설계국은 굴러 떨어진 호박을 동체시험까지 완료한 신형 제트기에 장착하여 실험하여 보았는데, 그 결과 현재 제작중인 전투기가 넨 엔진과 결합하면 최고의 성능을 얻게 됨을 확인했다. 순식간에 고민이 해결된 소련은 넨 엔진을 복제하는데 전력을 기울여 자국산 클리모프^Klimov RD-45 엔진을 만들어 내게 되었다. 이를 바탕으로 소련의 항공기 제작능력은 비약적으로 발전했다.

넨 엔진이 소련으로 넘어간 지 5년 만에 짝퉁엔진을 장착한 신형 제트기가 갑자기 등장했다. 동서냉전이 최초로 실전으로 격화한 6·25전쟁에서 갑자기 등장한 MiG-15 제트전투기는 충격으로 다가왔다. 소련제 신형 제트전투기는 그동안 요격 나온 상대가 없어 유유자적하게 한반도 상공을 비행하며 폭탄을 던지던 B-29 폭격기는 물론 당시 6·25전쟁에 참전한 서방의 모든 전투기를 일순간 압도했다.

결국 이러한 MiG-15의 등장은 미국이 비밀리에 개발을 완료한 F-86의 조기 등판을 유발하여 연합군은 간신히 하늘에서의 우세를 계속 유지할 수 있었지만 그 충격과 놀라움은 실로 대단했다. 이후 소련 (러시아)은 군용기 분야에서 미국과 겨룰 수 있는 유일한 상대국으로 한 시대를 풍미하게 되었고, 그 여파는 아직까지 계속되고 있다. 그것은 바로 롤스로이스 인사이드에서 유래한 것이다.

지금까지 롤스로이스에서 만든 일련의 명품 엔진을 통해 본 밀리터리 이면사에 대해 알아보았다. P-51처럼 당사자에게 도움이 된 경우도 있었지만 Bf-109나 Ju-87 또는 MiG-15에서처럼 적에게 생각지도 못한 이익을 가져다 준 경우도 있었다. 같은 제작사의 물건들이 이처럼 극과 극의 경우로 나타난 이유는 아마도 이런 일을 만든 주체가 한 치의 앞날도 내다볼 줄 모르는 인간이기 때문일 것이다. 어쩌면 이것이 역사의 재미가 아닐지 모르겠다.

chapter 2

한국형 전투함 개발사

◆◆◆

구축함을 개발하라 ————————

1975년 7월, 당시 군 통수권자였던 박정희 전 대통령이 관계자들을 불러놓고 독자적인 한국형 구축함Destroyer의 개발을 검토하라는 지시를 내렸다. 생각지도 못한 대통령의 지시에 모두가 당혹할 수밖에 없었다. 주한 미 7사단의 철군을 기화로 이른바 '율곡사업'으로 불리는 국산 무기 개발에 나서기는 했지만 국산 구축함은 한마디로 우물에서 숭늉을 찾는 격이었다.

당시 중점적으로 육성하기 시작한 중화학공업 정책의 일환으로 태동한 한국의 조선산업은 거대 유조선을 건조하는 등 그 성장 가능성을 보이고는 있었으나, 당시 우리나라는 구축함은 말할 것도 없고 그 아래 단계라 할 수 있는 호위함Frigate이나 초계함Corvette도 만들어 본 경험이 전무한 상황이었다.

열악한 경제 사정과 당장의 현실적 위협인 북한의 대규모 지상군에 맞서기 위해 육군에 자원을 먼저 배분했고, 육성과 보유에 많은 비용이 들어가는 공군과 해군 전력은 상당 부분을 한미동맹에 의존했다. 따라서 당시 한국 해군은 전형적인 연안 해군이었다. 한국 해군의 임무는 말 그대로 간첩선을 잡는 것이 주목적이라고 폄하당할 정도였다.

보유 함정 수에서 북한 해군에 비해 절대 열세였고, 특히 북한이 대량으로 운용 중인 잠수함(정)을 한 척도 보유하지 못한 상태였다. 그런데 당장 잠수함이 없다는 것보다 더 큰 문제는 이에 맞설 대응수단인 구축함 전력조차 절대 부족한 상황이라는 점이었다.

당시 한국 해군에는 미국에서 헐값에 인수한 몇 척의 구축함이 있었다. 그런데 이들은 탄생 당시의 기준으로나 구축함이었을 뿐인 구닥다리 전투함이었다. 미국은 제2차 세계대전 당시에 무지막지하게 많이 제작한 플레처급Fletcher Class, 알렌섬너급Allen M. Sumner Class, 기어링급Gearing Class 구축함을 전쟁이 끝난 후 동맹국들에 대량 제공했고 한국 해군도 이를 인수하여 최대 9척을 동시에 운영했다.

이처럼 우리 해군은 선령이 30년도 넘어 페인트를 수십 번 덧칠한 이들을 닦고 조이고 기름 쳐서 주력 전투함으로 사용했다. 비록 간첩선을 잡는 데는 유효 적절히 사용할 수 있었지만, 말만 구축함인 이런 구닥다리들로 유사시에 적의 잠수함대를 상대하는 것은 버거웠다.

이러한 사실을 통감한 박정희 당시 대통령은 언제까지 이런 폐기 직

1970년대에 총 7척이 도입된 기어링급 구축함 중 하나인 DD-916 전북함. FRAM I 개수를 했지만 선체는 제2차 세계대전 당시 제작된 구형 전투함이었다. 〈CC BY-SA / Rheo1905 at ko.wikipedia.org〉

전의 전투함으로 우리의 영해를 지킬 수는 없다고 생각했다. 대외 무역을 통하여 경제를 발전시키고 대부분의 전략물자 도입을 해상 루트에 절대 의존하는 우리의 여건을 고려할 때, 한국 해군이 연안 방위만을 목적으로 삼아서는 안 된다고 결심하여 그 구체적 실천 방안으로 한국형 구축함의 개발을 지시한 것이다.

하지만 고속정 정도나 만들어본 경험이 전부였던 당시의 기술력으로 수상 전투함의 꽃인 구축함을 만든다는 것은 말도 안 되는 도전이었다. 전투함 설계와 제작에 관한 노하우는 아무리 우방국이라 하더라도 쉽게 전해주는 것이 아니었다. 모든 것을 처음부터 시작해야 했다.

백지에서 출발 ────────

막상 한국형 구축함 개발에 착수했지만 당시 우리의 기술력으로 불가능한 과제임을 얼마 지나지 않아 깨닫게 되었다. 구축함은 적어도 배수량 4,000톤급 이상이어야 하는데, 앞에서 언급한 것처럼 당시 한국은 1,000톤급 이상의 전투함조차 만들어 본 경험이 없었다.

또한 전투함이라는 것이 여타 병기와 달리 실험적으로 몇 척 건조해서 운영해보고 성능이 미흡하면 다시 만들고 할 만큼 간단하거나 값싼 물건이 아니다. 선박은 설계와 건조에 많은 시간과 비용이 들어가는 제품이고 군함일수록 그런 제한은 더하다. 따라서 시행착오를 거치지도 않고 최고의 전투함을 만드는 것은 현실적으로 불가능했다.

결국 당시 기술진은 기초적인 노하우부터 습득하기 위해 작은 규모의 전투함을 먼저 만들기로 결정하고 우선 호위함 개발에 착수했다. 마침내 1978년 4월 기본 설계가 완료되어 1981년 1월 최초의 한국형 전투함

총 9척이 건조된 울산급 호위함은 최초의 국산 전투함이었다. 사진은 1992년 림팩(RIMPAC) 훈련 당시 샌디에이고 항에 입항하는 FF-956 경북함. ⟨US Navy⟩

이 세상에 그 자태를 드러내는데, 그것이 바로 FF-951 울산함이었다.

흔히 울산급^{Ulsan Class}이라고 불리는 한국형 호위함의 선체는 철제였고, 상부 구조물은 알루미늄으로 제작되었다. 호위함이라고는 하지만 1,800톤 정도의 배수량과 크기로 본다면 해군 선진국에서는 그 아래 단계인 초계함 정도로 분류할 수 있는 전투함이었다. 이처럼 작은 크기에도 불구하고 호위함으로 불리는 이유는 바로 화력 때문이었다.

울산함은 너무나 노후한 한국 해군의 전투함들을 당장 교체하기 위해, 동급 기준의 전투함으로는 과잉이라고 평가 받을 정도로 많은 3인치 함포 2문을 비롯한 다양한 무장을 장착했다. 하지만 이러한 함포를 위주로 화력을 늘린 형태도 사실 시대에 뒤진 것이었다. 왜냐하면 현대의 전투함들은 포가 아닌 미사일을 주력으로 하고 있기 때문이다.

비록 울산함이 처음부터 서방권의 공식 함대함무기라 할 수 있는 하푼^{Harpoon} 미사일 장착을 염두에 두고 설계·제작되었지만, 당시에 미국이 하푼 미사일의 한국 판매를 승인하지 않았다. 따라서 북한 해군의 물량 공세에 맞서기 위해서 일단 함포를 주력으로 한 재래식 화력 집중형

울산급 호위함으로 1989년 취역한 FF-957 전남함. (US Navy)

의 포함砲艦 형태로 울산함을 개발할 수밖에 없었다.

이처럼 울산함을 건조해본 결과 전투함 제작에 관한 기초 노하우를 획득할 수 있었지만, 예상 외로 비용이 많이 들어 당시에 배정된 예산만으로 사전에 계획한 물량을 확보하기 어렵다는 문제가 대두했다. 울산급 호위함을 대량 건조하여 노후 전투함을 시급히 교체하여 연안 방위의 주력으로 삼고자 한 계획이 어려워지자 당국은 고민에 빠질 수밖에 없었다.

결국 계획을 탄력적으로 변경하여 문제를 해결하고자 했는데, 골자는 질 대신 양으로 가자는 것이었다. 당시 한정된 예산으로 질만 너무 추구하면 빠른 시일 내 충분한 양의 전투함을 확보하기 힘들 것이 확실하자, 울산함보다 질을 조금 낮춘 LOW급 전투함을 늘리기로 했다. 연안 방위에 투입할 충분한 양의 전투함을 확보하기 위해서 어쩔 수 없는 대안이었다.

변경된 계획 ─────────

그것은 한국형 호위함인 울산함과 별도로 선체와 무장이 조금 작은 한국형 초계함의 개발을 의미하는 것이었다. 이렇게 되면 한정된 예산으로 일단 필요한 수량의 함정을 확보할 수 있었다. 동시에 많은 전투함을 건조하게 되면 건함과 관련한 노하우를 빨리 습득할 수 있는 이점이 있었다. 전투함 제작 경력이 전무하다시피 하던 당시의 입장을 생각하면 훌륭한 정책이었다.

이에 따라 초도함인 울산함 건조에서 얻은 노하우를 바탕으로 조금 축소된 형태의 한국형 초계함 제작에 들어가 1982년 PCC-751 동해함

한정된 예산으로 시급히 노후 전투함을 교체하기 위해 울산함보다 작은 초계함이 제작되었는데 그것이 바로 동해급 초계함이다. 사진은 기동훈련 중인 PCC-751 동해함.

이 취역하게 되었다. 동해급으로 명명된 한국형 초계함은 순수한 연안 방위용이었기에 대함미사일 없이 3인치 함포 및 기관포를 위주로 화력을 장비하고 어뢰·폭뢰를 장착하여 대잠 능력을 갖추었다. 일단 이 정도면 북한 해군의 수상함들과 충분히 맞상대할 수 있었다.

동해급 초계함은 1983년 본격 생산에 들어가 총 4척이 취역했고 제작 과정에서 습득한 기술을 바탕으로 1984년 12월에 개량형 초계함이 취역했는데, 그것이 포항급 초계함의 선도함인 PCC-756 포항함이다. 이후 포항급 초계함은 1993년 7월 PCC-758 공주함까지 총 24척이 제작되었다. 포항급과 동해급을 합하여 총 28척이 제작된 한국형 초계함의 개발은 결론적으로 상당히 타당한 전투함 확보 전략이었다.

우선 수적으로 연안을 방위할 수 있는 최소 수준의 물량을 확보함으로써 북한 해군에 대한 효과적인 견제가 가능하게 되었다. 이전에 한국 해군의 주력이던 기어링급 구축함은 일단 노후하고 수량도 충분하지 않아 북한 해군에 대한 수적인 견제가 사실상 불가능했다. 거기에 더해서 건조 과정 중 하나하나 얻게 된 전투함 제작 노하우는 더할 나위 없는 귀중한 자산이 되었다.

이렇게 초계함 건조를 통해 습득한 기술은 1981년 1번 함 취역 후 주춤하던 울산급 호위함의 추가 제작에 유효하게 적용되었다. 이런 우여곡절 끝에 마침내 1993년 6월 FF-961 청주함까지 총 9척의 한국형 호위함을 취득 완료했고, 이들은 28척의 동해-포항급 초계함과 더불어 연안 방위의 중추로 그 임무를 다하게 되었다. 작고 미흡하지만 의미 있는 출발이었다.

단기간 내 이루어진 이들 호위함과 초계함의 등장으로 노후한 구형 전투함들의 임무를 즉시 대체할 수 있었다. 그러나 이때까지는 간신히 자국산 무기체계로 겨우 연안 방어태세를 구축했을 뿐이고 북한 이외

기동 훈련 중인 포항급 초계함들인 PCC-773 부천함, PCC-778 속초함. 〈대한민국 해군, www.flickr.com〉

우리 주변에 있는 일본의 해상자위대, 중국 해군, 러시아 극동함대에 비한다면 터무니없이 미미한 전력이었다.

오래전에 있었던 태평양 연안국 해군의 합동훈련인 림팩(RIMPAC)에 참가한 우리 해군이 보무도 당당히 몰고 간 함정이 바로 울산급 호위함과 포항급 초계함이었다. 타 해군의 전투함들과 비교하기도 민망한, 마치 망망대해에 가랑잎 같은 작은 전투함을 타고 간 우리 해군의 장병들은 좋게 말하자면 외국 해군 승무원들에게 경이의 대상이 될 정도였다.

하지만 이와 같이 어려운 여건에서도 자체적으로 전투함을 제작하여 외국 해군의 동정을 무릅쓰고 각종 훈련에 참여한 한국형 호위함과 초계함들은 우리가 염원하던 한국형 구축함 개발의 중요한 원천기술을 확보할 수 있게 해주었다. 뿐만 아니라 이러한 훈련 참가는 대양 해군의 운용과 관련한 기초적인 소프트웨어를 사전에 습득할 수 있는 계기가 되었다. 그렇게 한국 해군은 다음을 준비하고 있었다.

감격스런 출발

대양 해군의 기치를 앞세우고 본격적인 한국형 구축함 제작에 착수한 지 20여 년 만에 우리의 노력이 마침내 열매를 맺는다. 그동안 한국형 호위함과 초계함 사업을 통해 얻은 각종 노하우와 기술을 발판으로 원양 작전이 가능한 구축함 취득 사업인 KDX(Korea Destroyer Experiment)가 본격적으로 시작된 것이다. 그리고 KDX 1단계로 1996년 10월 배수량 3,800톤급의 DDH-971 광개토대왕함이 진수되었다.

사실 크기는 구축함이라기보다는 호위함에 가깝지만 광개토대왕함은 전투체계와 연동된 함대공미사일 방어체계를 장착한 한국 해군 최

개함방공능력을 갖춘 한국 최초의 다목적 전투함인 광개
토대왕급 2번 함 DDH-972 을지문덕. 광개토대왕급 구
축함은 IMF로 인하여 3척만 건조되고 KD-1 프로젝트
가 조기에 종료되었다. (US Navy)

초의 다목적 전투함이다. 한국 해군이 이 정도 수준의 전투함을 보유하게 된 것은 이웃 일본이나 중국, 대만과 비교한다면 행보가 늦은 편이지만, 우리 스스로의 힘으로 대양작전이 가능한 함을 만들어냈다는데 많은 의의가 있다. 이때부터 한국 해군의 도약이 본격적으로 시작되었다.

대만은 한국과 비슷한 시기에 도입한 기어링급 구축함을 개수하여 마르고 닳도록 사용하다가 2000년 이후 겨우 퇴역시켰는데, 이는 대만 해군이 이들을 대체할 만한 신형 구축함을 자력으로 건조하는 데 어려움을 겪었기 때문이다. 이에 비한다면 우리 해군은 비록 어렵게 국산 전투함 개발에 뛰어들었지만 제작 과정에서 쌓은 노하우로 한국형 구축함 개발에 성공한 것이다.

KDX 시리즈로 명명되어 1990년대 중반에 시작된 일련의 구축함 취득사업은 1, 2, 3단계로 진행되어 지난 2012년 최신예 이지스함인 DDG-993 서애 류성룡함이 취역하며 일단 마무리되었다. 그중에서도 광개토대왕급(KD-1) 구축함은 한때는 불가능의 영역으로 치부하고 막연하게만 꿈꾸던 국산 구축함 시대를 연 위대한 발걸음이었다.

이전에 제작한 울산급 호위함의 2배에 달하는 크기를 가진 광개토대왕급은 동급 최강으로 평가될 만한 화력을 장착했다. 애초 총 12척을 건조하여 우리 해군의 주력함으로 사용할 계획이었다. 그런데 프로젝트 진행 도중 IMF 사태라고 불리는 사상 초유의 경제 위기가 닥치자 3번함을 끝으로 나머지 건함 계획은 취소되었고 곧바로 KD-2 프로젝트가 진행되었다.

KD-1 시리즈가 축소된 이유는 위에서 설명한 것처럼 경제 위기라는 외생적 변수도 있었지만 다른 긍정적인 이유도 함께 있었다. 실질적인 본격 대양함대용 구축함이라 할 수 있는 배수량 4,500톤급 KD-2 계획을 조기에 실현하려는 정책 당국의 자신감 때문이었다. 비록 3척 뿐이

진정한 구축함이라 할 수 있는 DDH-975 충무공함. 2004년 림팩 훈련 참가 당시의 모습. 〈US Navy〉

지만 KD-1의 건조 및 운용 경험을 통해 그 이상의 전투함 건함 및 운용도 충분히 자신하게 되었던 것이다.

경제적 여파도 있었지만 KD-1 프로젝트를 축소하고 예산을 절감한다면 계획한 시기에 KD-2 건조를 실시할 수 있었다. 만일 애초 계획대로 12척의 광개토대왕급 구축함 취득을 강행했다면 수적으로 충분한 함을 확보할 수는 있었겠지만, 당연히 KD-2는 물론 대양 해군의 상징이라 할 수 있는 KD-3까지 순차적으로 지연될 수밖에 없던 상황이었다.

사실 KD-1은 진정한 구축함 시대로 도약하기 위한 준비 단계였다. 1980년대 한국형 초계함 개발도 그랬지만 KD-1의 조기 종료와 KD-2의 시작도, 모든 것을 다 할 수 없다면 그중에서도 차선을 선택하여 자원과 노력을 집중했던 정책 당국의 올바른 판단 때문에 가능했다.

노력은 계속된다 ─────

앞서 살펴본 것처럼 우여곡절 끝에 실시된 KD-2 계획에 따라 2002년 5월, 제1번함인 DDH-975 충무공이순신함이 진수되어 해군의 주력으로 배치되었고 이후 계획대로 총 6척의 동급 구축함이 건조되어 현재 실전에서 활약하고 있다. 충무공이순신급 구축함의 등장으로 한국 해군은 드디어 대양으로 나갈 수 있었다. 이들의 등장은 한국 해군이 실질적인 구축함 시대에 들어섰다는 것을 알려주는 가슴 벅찬 사변이었다.

2000년대 들어 소말리아 해상에서 벌어지는 해적들의 약탈 행위가 빈번해지자 유엔(UN) 안전보장이사회가 2008년 6월, 결의안 제1816호를 통해 해적 퇴치를 위한 무력 사용을 허용하고 모든 당사국에 함정과 항공기의 파견을 요청했다. 이에 호응하여 한국 해군도 2009년부터 충무공이순신급 구축함에 대테러 특수부대를 결합한 청해부대淸海部隊를

청해부대의 실제 작전 모습. 성공적으로 해적을 소탕함으로써 전 세계에 한국 해군의 우수함을 선전했다.
〈대한민국 해군, blue-paper.tistory.com〉

창설하여 약 4개월을 주기로 교대 파견하고 있다.

이것은 대한민국 해군 창설 이후 최초의 단독 해외 파병이었다. 특히 2011년 1월 21일 삼호주얼리호 구출작전에서 선원 21명을 무사히 구출하고 8명의 해적을 사살, 5명을 생포하는 혁혁한 전과를 올려 다국적 해군의 귀감이 되었다. 또한 2011년 리비아 사태 당시에 교민 철수를 도우려 현지에 파견되는 등 종횡무진 활약했다. 모두 한국형 구축함을 보유했기에 가능한 일이었다.

그리고 마침내 2007년 5월, 그렇게 고대해오던 이지스^{Aegis} 방공 구축함인 DDG-991 세종대왕함이 국민들에게 그 위풍당당한 모습을 선보였다. 이로써 우리나라는 미국, 일본, 스페인, 노르웨이에 이어 다섯 번째로 이지스함 보유국이 되었다. 그리고 2012년 3번함인 DDG-993

2008년 부산에서 열린 국제관함식 당시 DDG-991 세종대왕함. 한국 해군이 보유한 3척의 세종대왕급 구축함은 세계 최강의 이지스함으로 평가받고 있다. 〈US Navy〉

서애류성룡함이 취역함으로써 한국형 구축함의 도입이 완료되었다.

이전의 한국형 초계함, 호위함, KD-1, KD-2도 그랬지만 KD-3 또한 동급 최강의 능력을 갖추어 진수 단계부터 전 세계 해군의 주요 관심 대상이 되었다. 한국 해군의 함정들은 배수량 기준으로 동급의 타국 전투함과 비교했을 때 과하다는 소리를 들을 만큼 중무장을 하고 있다. 그것은 주변국들과 경쟁하기 위해 질로써 수량 부족을 메우기 위한 불가피한 선택이다.

하지만 묵묵히 대양 해군을 향해 진화하고 있던 한국 해군은 지난 2010년 벌어진 천안함 피격 사건으로 인하여 새로운 숙제를 얻었다. 궁극적으로 대양 해군으로 나가야 하는 점은 맞지만 당장의 위협 대상인 북한을 상대하기 위해서는 연안 해군의 역할도 결코 소홀히 할 수 없다는 점이다. 더불어 어느덧 노후화하기 시작한 한국형 초계함과 호위함의 대체도 요구되었다.

이러한 시기에 터진 천안함 사건은 와신상담의 계기가 되었다. 사실 한국 해군은 대양 해군으로의 진화를 시도하면서도 본연의 임무인 연안방위능력의 향상에도 노력을 게을리하지 않았다. 그 결과물이 2011년 4월 진수된 차세대 호위함인 FFG-811 인천함이다. 성능이 대폭 향상된 배수량 2,300톤 규모의 신형 호위함은 단계적으로 기존 초계함과 호위함을 대체할 예정이다.

경제적 여건이나 정치적 환경도 어려웠던 지난 1970년대에 처음 시도된 국산 구축함의 개발은 30여 년 만에 한국 해군이 세계적 수준의 반열에 들어서도록 했다. 백지상태와 같은 어려운 여건에서 환경을 탓하지 않고 합리적인 정책과 대안을 모색하여 한국형 전투함을 개발하도록 길을 닦은 여러 사람의 노고가 있었기에 가능한 일이었다.

연안 방어의 중추가 될 FFG-811 인천함. 노후한 포항급과
울산급 전투함을 대체할 예정이다.

chapter 3

조기경보기를 말하다

◆◆◆

도전과 응전 ────────

사람들은 인터넷 등에서 흔히 '나치의 비밀병기'로 언급되는 제2차 세계대전 당시 등장한 신무기에 관한 글이나 사진을 보고, 막연히 추축국의 군사과학기술이 연합국보다 뛰어난 것으로 오인하는 경향이 있다. 최초로 실전에 등장한 V-2 로켓이나 당대 최고의 성능을 자랑하던 티거Tiger 전차 같은 독일 무기류를 보면 이런 착각을 지레 당연한 것으로 여기게 된다. 그러나 전쟁의 승자가 연합국이었다는 사실은 연합국도 뛰어난 무기를 보유하고 있었다는 반증이라 할 수 있다.

일부 추축국의 무기가 뛰어난 것은 사실이지만 연합국의 군사기술도 결코 이에 뒤지지 않았다. 예를 들면 연합국이 앞섰던 첨단기술 중 하나가 레이더Radar로 대표되는 조기경보Early Warning기술이었다. 독일이나 일본에게도 레이더는 생소한 것이 아니었다. 특히 일본은 초단파의 뛰어난 지향성指向性을 활용한 '야기八木 안테나'를 1926년 발명했을 만큼 레이더에 관련한 원천기술을 보유했지만 이를 군사용으로 실용화하는 데 있어서 연합국에 뒤졌다.

이 때문에 해군간의 전쟁이었던 태평양전역에서 레이더를 장착한 미군 함정은 적기의 내습을 사전에 어느 정도 감지할 수 있었던 반면, 고출력 레이더를 작게 제작하여 함정에 장착하는 기술을 보유하지 못한 일본은 인간의 오감을 기반으로 하는 구시대적 조기경보체계에 전적으로 의존했다. 따라서 일본 함정들은 대부분 마스트 끝에 높은 망루를 갖

높은 방공 초계용 망루를 가지고 있던 일본 전함 야마시로. 일본은 레이더에 대한 원천 기술이 있었음에도 이를 군사적으로 활용하지 못했다. 〈US Navy〉

추고, 이 망루에 방공 초계병들이 올라가 눈과 귀로 하늘을 감시했다. 그렇다고 수병에 의한 초계가 무조건 구시대적인 방법은 아니다. 현재도 견시見視는 함정의 중요한 감시방법 중 하나이고 이것은 인간의 오감이 그 어떤 센서보다도 뛰어남을 의미하는 것이기도 하다.

미드웨이 해전에서 미군은 함정에 달려있던 레이더를 유효 적절히 사용하여 적의 공습에 효과적으로 대처할 수 있었다. 반면 순전히 사람의 눈과 귀에만 의존하던 일본은 그들의 머리 위로 미국 급강하폭격기 편대가 다가오는 사실을 전혀 모르고 있다가 결정적인 역전타를 허용했고 이로 인하여 거대한 태평양전쟁의 균형추가 무너졌다. 첨단기술을 얼마나 유효적절하게 이용했나 하는 점이 승패의 결정적인 요인이 된 것이다.

이처럼 단기간에 극복하기 어려운 많은 차이로 인하여 점차 궁지에 몰린 일본은 전쟁 말기에 결국 다른 방법을 동원하여 전세를 역전시키려 했는데, 바로 '가미카제神風' 자살특공대였다. 목표물까지 날아와 자폭하는 이들로 인하여 연합군 측의 피해가 커졌다. 이런 공격에 의한 직접적인 피해보다 인간의 생명을 경시하는 일본 제국주의에 행태에 연합군의 간담은 서늘해졌다.

그런데 대공미사일은 꿈도 꾸지 못하던 당시에 가미카제를 막는 최선의 방법은 아군 함대로부터 최대한 먼 곳에서 요격하는 것이었다. 하지만 당시 함정에 탑재한 레이더는 탐지거리가 짧아서, 가미카제의 접근을 확인해도 대응할 시간이 부족하여 속수무책으로 당하는 경우가 종종 있었다. 둥그런 지구의 특성으로 인하여 배에 탑재한 레이더로 수평선 너머를 탐색하는 것이 쉽지 않았기 때문이다.

다시 말해 레이더로 적기의 내습을 탐지해도 충분한 요격기를 항공모함에서 함대 외곽으로 날려 보내기는 물리적으로 힘들었다. 그렇다고 레이더 탐지거리 밖에 항상 정찰기를 띄우거나 함대 상공에 24시간 내내 적기의 내습을 격퇴할 충분한 요격기를 체공시키는 것도 사실상 불

가미카제는 인간들의 광기를 보여 주었고 미국은 최대한 멀리에서 가미카제를 막고자 궁리했는데 이는 조기경보기의 탄생을 가져왔다. 미 순양함 컬럼비아를 향해 돌진하는 가미카제 특공대. 〈US Navy〉

가능했다. 결국 미국은 발상의 전환을 통하여 새로운 방공감시체계를 궁리하게 되었다.

프로젝트 캐딜락 ─────

그것은 레이더를 탑재한 항공기를 함정에 설치한 레이더의 탐지거리 밖으로 날려 보내서 확장된 감시망을 구축하는 것이었다. 바로 공중조기경보체계Airborne Early Warning System를 구상한 것이다. 이런 체계로 원거리에서부터 적기의 내습을 경보할 수 있으면 사전에 대응할 시간을 확보할 수 있을 것으로 예상했다. 이렇게 된다면 언제 닥칠지 모르는 가미카제를 막기 위해 수많은 방공전투기를 미리 날려 보낼 필요도 없었다.

1944년 2월, 미 해군은 이러한 목적의 공중조기경보용 항공기(조기경보기)의 개발에 관한 연구용역을 MIT에 의뢰했고, 이를 '캐딜락 계획Project Cadillac'으로 명명했다. 당국의 의뢰를 받은 MIT는 거대한 레이더를 비행기에 장착할 수 있을 만큼 최대한 축소시키는 연구를 진행했다.

동시에 레이더를 장착하여 실험할 플랫폼용 함재기로 TBM 어벤저Avenger 뇌격기를 선택했는데 그 이유는 TBM이 당시 함재기로는 규모가 커서 레이더 장착이 용이할 것으로 예상했고, 조종수 외에 후방사수가 탑승하므로 이를 조금만 개조하면 레이더를 운용할 오퍼레이터의 탑승구역을 쉽게 마련할 수 있기 때문이었다. 각고의 노력 끝에 MIT 연구진은 반경 100마일(약 160킬로미터)을 감시할 수 있는 AN/APS-20 레이더를 TBM에 장착하는데 성공함으로써 드디어 조기경보기가 탄생했다.

이처럼 최초의 조기경보기가 된 TBM 실험기는 기존 후방사수석을 개조하여 설치한 콘솔Console에서 오퍼레이터가 레이더를 작동하여 수집

최초의 조기경보기인 TBM AEW. 기수 밑에 조기경보용 레이더를 장착했다. 〈US Navy〉

한 영상과 자료를 원거리에 떨어져 있던 함대 모함의 전투정보센터^{CIC:} Combat Information Centre에 성공적으로 전송하는 링크기술을 확보하는데 성공했다. 이처럼 최초의 조기경보기는 말 그대로 원거리에서 적기와 관련한 정보를 습득하여 보내주는 역할을 담당했다.

실험에 성공한 미군 당국은 TBM보다 고성능인 A-1 스카이레이더 Skyraider 공격기에 AN/APS-20 레이더를 장착한 일련의 ADW시리즈 (XAD-1W, AD-2W, AD-3W, AD-4W)를 실전용으로 개발했고 이를 해군에 대량 보급하여 유효 적절히 사용했다. 구체적으로 실전에서 어느 정도 효과가 있었는지는 살펴보기 힘들다. 사실 지금도 조기경보기에 의한 모든 관제 기록은 비밀이다. 다만 영국 해군도 사용한 것으로 보아그 성능이 만족스러웠던 것으로 추측할 수 있다.

미 해군은 이러한 성공을 발판으로 단지 조기경보만이 아닌 공중에

많은 활약을 펼친 ADW 스카이레이더 조기경보기. 〈US Navy〉

서 작전을 직접 통제할 수 있는 체계까지 구상했다. 이렇게 되면 CIC의
역할이 줄어들고 그만큼 대응시간을 단축시킬 수 있을 것으로 예상했
다. 이를 '캐딜락 계획 2$^{\text{Project Cadillac II}}$'라 명명하고 추진했으나 실험기였
던 TBM이나 본격적인 최초 조기경보기였던 ADW은 함재기라는 제약
요소 때문에 확장성에 문제가 많았다.

요즘이라면 나노^{Nano}급 전자기술을 이용하여 조기경보레이더와 콘솔
에 장착된 각종 전자장비를 축소하여 탑재하는 방향으로 연구를 진행
하겠지만, 당시 기술로는 부착 장비의 크기를 무작정 줄이는 데 한계가
있었다. 따라서 고성능의 레이더와 장비를 탑재하기 위해 플랫폼의 크
기를 키우는 방법으로 프로젝트를 이어갔지만 항공모함에 탑재하기 위
해 크기에 제약 사항이 많은 함재기의 크기를 무작정 늘릴 수도 없었다.

따라서 어쩔 수 없이 거대한 레이더를 탑재하고도 장거리 항속이 가

육군의 B-17 폭격기를 개조한 PB-1W 조기경보기. B-17G 하부에 AN/APS-20 레이더를 장착한 PB-1W
는 최초의 조기경보통제기(AWACS)이었다. 〈US Navy〉

능한 미 육군항공대(오늘날 공군)의 플랫폼을 이용하여 연구를 진행하기
로 결정하면서 B-17이 연구용 기체로 낙점되었다. 미 해군은 B-17에
AN/APS-20를 개조하여 장착한 후 이를 PB-1W라고 명명하고 시험에
나섰다. 성능은 만족스러웠지만 함재기로는 사용할 수 없었기 때문에
결국 시험적으로만 운용되었다.

발전과정 ─────

AN/APS-20 레이더를 장착한 여러 형태의 조기경보기가 전쟁 말기에
등장하여 짧은 시간이지만 맹활약을 펼쳤다. 여기에는 ADW 뿐만 아니
라 그러먼Grumann사의 AF-2W 가디언Guardian 등 다양한 플랫폼이 쓰였는

데, 그 이야기는 다시 말해 별도의 최적화된 전용 플랫폼을 만들 시간이 없었을 만큼 당시 상황이 급박했다는 의미이다.

이 중 50여 대의 ADW가 미국의 동맹국이자 또 하나의 해군 강국 영국에 제공되었는데, 영국 해군은 특히 AN/APS-20 레이더의 성능에 대단히 만족한 것으로 알려진다. 1950년대 후반 ADW가 퇴역하게 되자 영국은 자국산 항공모함 탑재용 대잠 초계기 페어리 가네트^{Fairey Gannet}에 AN/APS-20 레이더를 이전 장착하여 항공모함 탑재형 조기경보기인 가네트 AEW3로 사용했다.

이들도 1970년대 초에 퇴역하자 당시에 해양초계기로 사용하던 애브로 새클턴^{Avro Shackleton}에 AN/APS-20 레이더를 장착하여 계속하여 사용했을 만큼 영국은 이 레이더에 절대적인 신임을 보내 주었다. 악조건에서 사용하는 경우가 대부분인 군사용 장비에서 신뢰성은 상당히 중요한 요소라 할 수 있다. 그런 점에서 오랫동안 사용된 AN/APS-20 레

AN/APS-20 레이더를 탑재한 영국의 애브로 새클턴 AEW. 〈US Air Force〉

이더는 상당히 신뢰성이 높은 장비였다고 볼 수 있다.

지금까지 설명한 것처럼 초기의 조기경보기들은 주로 미 해군의 필요에 의해서 개발되어 실전에 배치되어 왔다. 앞에 설명한 것처럼 해군은 조기경보 기능뿐만 아니라 궁극적으로는 독자적인 통제능력까지 포함한 조기경보통제기AWACS: Airborne Warning And Control System를 원했고, 이런 계획에 따라 함재기보다 플랫폼의 제약이 덜한 공군의 대형 폭격기를 개량하여 시험했다.

제2차 세계대전 도중 해군이 실험적으로 운용한 PB-1W은 미 육군

보다 진보된 기술이 접목된 PO-1W 워닝 스타. 이를 진정한 AWACS의 시작으로 보고 있다. 이후 EC-121로 진화한다. 〈US Air Force〉

항공대의 폭격기인 B-17이라는 대형 플랫폼을 이용했던 관계로 여러 명의 오퍼레이터가 탐색 내용을 분석하여 현장에서 지시를 할 수 있어 많은 양의 정보를 수집할 수 있었다. 하지만 이렇게 획득한 정보를 각 오퍼레이터가 일일이 무전으로 CIC에 연락하여 분석하는 형태여서 그리 실용적이지는 못했다. 즉, 양은 많았지만 분석에 시간이 걸릴 수밖에 없는 구조였다.

　이것이 바로 조기경보통제기의 필요이유가 되기도 했다. 전후 미 해군은 1955년 록히드^{Lockeed}의 콘스텔레이션^{Constellation} 수송기에 발달된 전자기술을 접목한 PO-1W 워닝스타^{Warning Star}의 개발에 성공했는데 이것은 사상 최초로 실용화된 조기경보통제기로 인정받고 있다. PO-1W는 이전의 PB-1W보다 성능이 뛰어나 총 82기가 제작 되었고 미 공군도 10기를 정식으로 채택하여 사용했다.

　그중 PO-1W의 변형기종인 EC-121은 이후 조기경보통제기 외에도 전자전용, 정보수집형 등의 다양한 특수목적기로 분화하여 발전했는데, 1965년 베트남전쟁을 전후로 해서 실전에 데뷔했다. 그중 동체 위에 레이더 돔을 장착했던 기종은 이후 많은 후속 조기경보기들이 따라서 채택했다. 이제 더 멀리, 저 빨리 볼 수 있는 자가 지배하는 세상이 된 것이다.

　하지만 이러한 PO-1W나 변형기종인 EC-121은 대형기인 관계로 해군 함재기로 이용하기가 현실적으로 여전히 불가능했다. 따라서 대형기를 이용한 조기경보통제기(AWACS) 분야는 미 공군이 주도하게 되었고, 함재기 형태의 소형 조기경보기(AEW)는 해군을 통하여 독자적으로 발전하게 되었다.

EC-121의 내부 콘솔. 〈US Air Force〉

항공모함 탑재용 조기경보기 ──────

기존에 사용하던 가디언을 대체할 새로운 조기경보기로 함재기의 명가인 그러먼은 당시 항공모함용 수송기로 운용 중이던 C-1 트레이더Trader를 플랫폼으로 한 차세대 조기경보기를 해군 당국에 제안했다. C-1은 장거리 수송에 적합한 안정적인 기체구조를 가지고 있어 평판이 좋았기 때문에 플랫폼으로 적절했고, 그러먼의 제안을 받은 미 해군은 이를 수용하여 개발에 착수하도록 지시했다.

그러먼은 C-1의 기체 후위를 개조한 후 거대한 고정식 레이더를 기체 상부에 얹음으로써 기존에 사용하던 조기경보기와 외양적으로 전혀 다른 형태를 지닌 E-1 트레이서Tracer를 제작했고, 1957년 3월 1일 최초

인상적인 AN/APS-82 레이더를 탑재한 E-1 트레이서. ⟨US Navy⟩

비행하는데 성공했다. 엄밀히 말해 이 또한 다른 플랫폼을 이용한 형태이기는 했지만 전투용 기체를 사용한 이전 기종보다 오퍼레이터의 거주 여건 등을 포함한 편리성이 비약적으로 향상되었다.

E-1은 새롭게 개발된 AN/APS-82 신형 레이더를 탑재했는데, AN/APS-20에 비해서 많은 기술적 향상이 있었다. 그중 새롭게 추가된 AMTI(Airborne Moving Target Indicator) 기능은 수면에 근접하여 저공 비행하는 적기의 탐색에 효과적이었다. 하늘에서 수면 위까지 샅샅이 살필 수 있어 함대 방공망은 대폭 강화되었다. 이후 E-1은 1977년까지 일선에서 활약했다.

좁은 항공모함에 탑재할 목적으로 제작된 함재기의 제약조건은 조기경보기와 같이 정밀 장비를 탑재하는 기종의 성능을 향상시키는 데 족쇄 같은 존재였다. 하지만 컴퓨터와 전자기술의 발전으로 탐지장비 및 센서류를 좀 더 컴팩트화할 수 있었고, 이러한 기술적 진보로 인하여 플랫폼의 확대에 제약을 받고 있던 미 해군도 조기경보기의 성능을 능가하여 조기경보통제기 수준에 근접한 고성능 기체를 확보할 수 있었다.

해군은 E-1과 달리 공군의 EC-121처럼 회전식 레이더 돔을 장착하는 새로운 조기경보기의 개발에 착수했다. 기존 플랫폼을 개량하여 제작한 이전 조기경보기들과 달리 기술 발전에 힘입어 차세대 기종은 처음부터 새로운 전용기를 기반으로 탄생하게 되는데 그것이 바로 E-2 호크아이Hawkeye이다. E-2가 탄생하고 난 후 이 기체를 바탕으로 차세대 항공모함용 수송기인 C-2 그레이하운드Greyhound가 제작되었으니 이전과는 주객이 전도된 셈이었다.

너무나 유명한 E-2 호크아이. 현재 수많은 나라에서 사용 중이다. 〈US Navy〉

이 새로운 기종은 전천후 작전이 가능하고 항모전투단의 방공/함재 기들의 작전을 직접 지휘할 수 있을 만큼의 능력을 갖추었다. E-2는 미 해군이 1965년부터 채택하여 지금까지 계속 업그레이드하여 사용하고 있는 장수기종으로 수많은 동맹국에 공급되었고 베트남전쟁, 중동전쟁 등을 통해 실전에 투입되기도 했다.

우리 주변의 일본, 대만, 싱가포르 등에서도 사용하는 기종이기도 한 데, 특히 이스라엘은 1982년 이 기종을 유효 적절히 사용하여 적기의 내습을 사전에 파악하고 이를 아군 전투 비행대에 정확히 알려주어 항 공전사에 전설로 남은 베카 계곡 항공전의 기적을 이끌어 내었다. 85 : 1 이라는 경이적인 격추비로도 유명한 이 전투는 F-15, F-16, 크피르^{Kfir} 같은 서방 측 전투기의 뛰어난 성능도 입증하고, 막후에서 종횡무진 활 약한 조기경보기의 존재 이유를 만천하에 알려준 전투이기도 했다.

새로운 도약 ─────

조기경보능력 뿐만 아니라 현장에서 지휘통제까지 담당할 조기경보통 제기를 개발하던 미 공군은 처음부터 대형 플랫폼을 선호했다. EC-121 을 후속할 차세대 조기경보통제기 제작에 착수한 미 공군은 민간항공 기로 그 명성과 품질을 인정받은 B-707을 플랫폼으로 낙점했다. 당시 에 B-707보다 작전반경이 큰 여타 대형기종도 있었지만 B-707이 기 존 군용공항에 사용하기에 적당한 크기여서 선택한 것이다.

미 공군은 B-707 상부에 직경 30피트(약 9미터)의 대형 회전식 레이 더 돔을 설치했는데 그 탐색거리가 250마일(약 400킬로미터)이었고, 성 능이 고고도의 우주비행체 뿐만 육상이나 해상의 저고도에서 날아다니

조기경보통제기의 대명사와 다름없는 E-3 센트리. 현재는 생산이 종료되었다. ⟨CC BY-SA / Jwh at en.wikipedia.org⟩

는 비행체를 탐색할 수 있을 정도였다. 더불어 지상의 목표물까지도 식별이 가능하여 적에 대한 보다 입체적인 감시가 가능하게 되었다. 이러한 회전식 거대 레이더 돔은 오늘날 조기경보통제기를 상징하는 구조물이 되었다.

대형기체와 고성능 레이더 돔을 채택했기 때문에 15명 내외의 오퍼레이터가 탑승하여 최장 8시간(경우에 따라 공중급유를 통해 작전시간 확대도 가능)을 하늘에 체공하며 작전을 펼칠 수 있는 새로운 조기경보통제기는, 정보를 수집하자마자 고성능 컴퓨터로 이를 분석하여 대처 방법을 인근 작전기들이나 지상의 기지에 즉시 통보하여 지휘까지 하는 관제 역할도 너끈히 수행할 수 있었다.

현재 이 기종은 미 공군뿐만 아니라 나토(NATO)와 같은 동맹군사조직에 공급되면서 일원화된 정보 수집, 분석, 분배 시스템을 완성했는데, 바로 오늘날 조기경보통제기의 대명사로 불리는 E-3 센트리^{Sentry}이다.

한국 공군 최초의 AEW&C인 E-737 피스아이 1호기 〈대한민국 공군, www.afplay.kr〉

이 기종은 1970년대 중반 이후부터 일선에 배치되어 현재 30기 이상이 작전 중에 있다. 하지만 B-707의 생산 중단과 더불어 E-3의 제작도 종료되었고 이들을 대체할 새로운 플랫폼이 등장할 것으로 예상된다.

오늘날 조기경보기는 현대 공군이 필수적으로 갖추어야 할 전략병기라는데 아무런 이견이 없다. 이 때문에 수많은 나라에서 조기경보기를 도입하여 운용하고 있는데, 아쉽게도 우리나라는 그러하지 못했다. 취득과 운용에 워낙 비용이 많이 소요되고 그동안 조기경보를 한미동맹에 의존해왔기 때문이기도 하다. 하지만 한반도의 영공을 우리의 힘으로 완벽하게 감시하고 통제하지 못하는 한 자주국방의 구호는 공염불이 될 수밖에 없다.

만시지탄이지만 마침내 우리나라도 1990년대에 조기경보통제기 획득사업인 E-X를 실시했다. IMF사태로 보류되기도 했지만 지난 2006년 11월, 미국 보잉사가 제안한 E-737이 대상으로 선정되어 한반도 상공을 24시간 내내 감시할 수 있도록 총 4대가 제작에 착수했다. 그리고 2008년 4월에는 한반도의 평화의 감시자라는 의미를 담고 있는 '피스아이Peace Eye'라는 제식 명칭을 부여했다.

E-737은 돔 형태가 아닌 바Bar 형태의 전자식 MESA 레이더를 장착했는데 그동안의 기술적 진보를 바탕으로 성능은 훨씬 좋은 것으로 평가한다. 12초마다 회전을 하며 빔을 쏘고 받는 기존 돔형 레이더와 달리, E-737의 레이더는 원하는 방향과 거리를 목표로 빔을 자유롭게 쏠 수 있는 최신식이다. 반경 370킬로미터 내 공중에 떠 있는 1,000여 개의 비행물체를 동시에 탐지할 수 있어 북한 전역을 감시할 수 있다.

2011년 8월 1일 미국에서 제작한 1호기가 국내에 들어왔고 나머지 2~4호기는 국내 항공산업의 발전을 도모하기 위해 한국항공우주산업(KAI)에서 조립되었다. 이들로 인하여 그동안 미군에 의존해 온 한반도 상공의 감시를 우리가 자주적으로 할 수 있게 되었다. 늦었지만 어려운 가운데 이룬 의미 있는 성과라 할 수 있다.

chapter 4

ㄴ-ㄹ 이면에 숨은 세계사

◆◆◆

붉은곰, 건수를잡다 ─────

세계가 미국과 소련을 중심으로 갈려 대립이 한창이던 냉전기인 1960
년 5월 1일, 소련 외무성은 영공을 불법 침범하여 간첩 행위를 하던 미
국의 정찰기를 격추했다고 발표하며 생포한 조종사 파워스^{Francis G. Powers}
와 격추된 정찰기의 잔해를 함께 공개했다. 그리고 이것은 미 제국주의
자들의 간악한 도발의 증거라고 열변을 토했다. 바로 냉전시대 또 하나
의 자화상이었던 'U-2기 격추사건'이다.

공교롭게도 이 사건은 5월 16일부터 열리기로 예정되어 있던 승전국
수뇌회의 직전에 일어났는데, 이를 빌미로 흐루쇼프는 미국에게 스파이
비행행위 중단, 진상규명 및 사과, 책임자 처벌을 요구하고 만일 이 조
건을 수락하지 않는다면 회의를 무산시키겠다고 정치·외교적 공세를
강화했다.

생포된 조종사에 대한 심문 결과를 비롯한 부인할 수 없는 객관적인
여러 증거 때문에 미국은 비행 목적이 스파이행위였고 그러한 첩보 활
동이 지난 4년간 계속되었음을 신문 보도 등을 통한 간접적인 방법으
로 시인했으나, 공식적으로는 처음부터 끝까지 모르쇠로 일관했다. 이
러한 미국의 태도에 소련은 분노했고 결국 회담이 무산되면서 긴장관
계는 한층 더 심각해졌다.

이 사건으로 인하여 그동안 미국이 비밀리에 운용하던 전략병기인
U-2가 세상에 널리 알려지게 되었으나, 사실 소련의 U-2기 격추는 비

작전 중인 고공 정찰기 U-2. ⟨US Air Force⟩

밀리에 영공을 침범한 적기를 우연히 발견하여 요격한 우발적인 사건은 아니었다. 때문에 이 사건을 리뷰하려면 U-2의 개발과정부터 거슬러 올라가 볼 필요가 있다.

　제2차 세계대전 후 미·소의 대치가 심각해지고 거기에 더해 상대를 공격할 핵을 상호 보유하게 되자 상대의 핵무기에 대해서 좀 더 많은 정보가 필요하게 되었다. 가장 좋은 방법은 007 같은 유능한 스파이를 적국에 파견하여 정보를 빼오는 것이지만 이것은 3류 영화에서나 가능한 일이었고 적절한 정찰장비를 이용하여 적의 핵무기 배치상황을 파악하는 것이 가장 현실적인 방법이었다. 이에 대해 '인공위성을 이용하면 되는 것 아닌가?' 하고 반문할 사람도 있겠지만 1960년대 초는 인공위성이 본격적으로 실용화되기 이전이었다.

그렇다면 최선의 방법은 적의 영공에 정찰기를 띄워서 샅샅이 정탐하는 것뿐인데, 문제는 아무리 교전을 벌이지 않는 평화 시라도 적성국에 대한 이런 공중정찰 행위는 불법이라는 점이다. 영공 침범도 문제지만 만일 정찰기가 발각된다면 상대에 대한 군사적 도발행위로 간주되어 전쟁의 불씨가 될 수도 있었다.

그보다도 상대방의 영공을 들키지 않고 몰래 침투하여 정찰활동을 벌인다는 것이 말처럼 쉬운 일은 아니었다. 그렇다면 방법은 단 하나, 몰래 침투가 힘들다면 상대방의 영공을 과감히 침범하되 요격을 뿌리치면 된다고 결론을 내렸다. 이때 미국은 CIA의 주도로 장거리 정찰비행이 가능하되 소련의 방공포나 요격기가 오르지 못할 만큼의 고고도를 자유롭게 비행할 수 있는 정찰기를 투입하면 된다고 생각했다.

'흰머리독수리Bald Eagle'라는 암호명으로 구체화된 이러한 구상을 실현하기 위해 개발 주무부처인 미 공군은 여러 방산업체에 개발을 의뢰했고 그 결과 록히드Lockheed사의 CL-282 시안이 채택되었다. 이렇게 탄생한 걸물이 이후 50년이 넘게 진화를 거듭하며 아직도 현역에서 사용 중인 U-2, 일명 '사악한 여인Dragon Lady'이다.

제 집 드나들듯이 ————

P-38과 P-80을 설계한 유명 엔지니어인 클래런스 "켈리" 존슨Clarence "Kelly" Johnson이 주도한 록히드의 '스컹크웍스Skunk Works' 팀이 제작한 CL-282 시제기는 1955년 8월 1일 성공적으로 처녀비행을 했고 여러 가지테스트를 성공적으로 거친 후 U-2라는 이름으로 비밀리에 배치되었다.

록히드(현 록히드마틴)사의 유명한 신예기 설계팀인 스컹크웍스를 지휘하며 새로운 전략정찰기의 개발을 이끈 클래런스 "켈리" 존슨과 U-2. 〈US Air Force〉

당시 U-2는 소련 본토의 전략무기 배치 상황을 알아보기 위한 임무에 투입될 예정이었는데 막상에 운용에 들어가려하자 한 가지 문제점이 발생했다.

비록 U-2가 당시 소련이 보유한 요격체제를 따돌릴 만큼의 고고도에서 장거리 비행이 가능했지만, 그렇다고 대륙 간 횡단이 가능한 전략폭격기처럼 미국 본토에서부터 소련의 중심부까지 왕복할 수 있을 정도는 아니었다. 그렇다면 소련과 인접한 국가들에서 U-2를 운용해야 했다.

고심 끝에 미국은 당시 친미국가였던 파키스탄, 이란, 터키, 노르웨이 등 소련에 인접한 우방국을 운용기지로 선정하여 U-2기를 비밀리에 배치했다. 이러한 해외 비밀기지를 발판으로 소련 본토 한가운데에 깊숙이 숨은 주요 군사목표를 탐색했는데, 파키스탄에서 출발하여 소련을 종단하여 노르웨이로 가서 착륙하는 주기적인 정찰비행을 실시했다.

실전에 배치되어 작전에 들어간 U-2는 처음 몇 년간 최대 9만 피트

U-2는 1950년대에 이를 요격할 방법이 전무했을 정도로 고고도를 비행하며 정찰행위를 할 수 있었다. 지금 사용하는 기체의 기본 구조나 성능도 초기와 비교하여 그다지 차이가 나지 않을 만큼 당대를 초월한 훌륭한 비행체였다. 〈US Air Force〉

(약 2만 7,000미터)의 안전한 고고도를 통하여 신나게 소련 영공을 제 집 드나들듯이 비행하면서 의심나는 곳을 구석구석 촬영했고, 이렇게 촬영된 필름은 CIA를 비롯한 각 정보기관에 보내져 소련의 전력을 분석하는 중요 자료로 사용되었다.

지금은 첩보위성의 촬영 해상도가 무척 좋아졌지만 당시만 해도 U-2의 촬영 자료를 능가할 만한 영상자료는 없었다. 궤도를 주기적으로 선회하는 첩보위성과 달리 의심나는 곳이 있다면 집중하여 반복 비행하면서 자세히 촬영을 할 수 있는 U-2가 위성보다 편리한 측면도 있다. 후자의 이유 때문에 현재도 U-2는 상당히 중요한 전략정찰수단으로 자리매김하고 있다.

그런데 격추하지 못할 만큼 고고도에서 비행했지만 소련의 방공망이

U-2의 불법 영공 침범을 감지하지 못한 것은 아니었다. 미국이 날려 보낸 정체불명의 비행기가 소련의 영공을 가로질러 다니는 사실을 분명히 파악하고 있었지만 이를 막을 현실적인 방법이 없어 머리를 싸매고 있었다.

확실한 물증도 없이 서방의 도발이라고 항의할 수도 없었고, 오히려 이런 상황을 공표한다면 제2차 세계대전 후 초강대국의 위치를 점한 소련이 막상 자국의 영공을 침범당해도 막을 방법이 없다는 굴욕적인 사실을 전 세계에 자인하는 꼴이었다.

그렇다면 장군 멍군 식으로 소련도 U-2와 맞먹는 정찰기를 개발하여 미국 본토를 휘젓고 다니면 되는데 아직까지 그런 기술력이 없었고, 설령 U-2와 같은 정찰기를 개발했다 하더라도 미국 주변에 배치하고 운용할 만한 친소국가도 없었다. 결국 소련은 얄미워도 표시나지 않게 꾹꾹 참고 자국의 영토를 유유자적하게 가로지르는 U-2를 격추할 방법을 찾기 위해 매진했다.

나 잡아봐라

소련은 U-2가 영공에 침입한 것을 포착하면 당시 방공요격기로 운용하던 소련 최초의 초음속 제트전투기 MiG-19를 출격시켰으나, MiG-19는 한계 고도 이상으로 올라가지 못하고 U-2 아래에서 깔짝대다가 그냥 내려오는 굴욕을 겪었다. 이후 최신예 전투기로 막 개발을 끝낸 MiG-21도 투입하지만 이 또한 역부족이었다.

U-2 근처에라도 가봐야 밖으로 몰아내든 격추를 하든 할 텐데 자신들은 올라갈 수 없는 곳에서 U-2는 유유자적하게 아래를 내려다보며

MiG-15의 모습을 일부 엿볼 수 있는 소련 최초의 초음속 전투기 MiG-19. 공대공미사일을 장착했지만 U-2를 잡기에는 역부족이었다. 소련은 이외에 MiG-21도 투입했지만 역시 U-2의 비행 고도까지 올라갈 수는 없었다. 〈US Army〉

사진을 찍었다. 이처럼 얄미운 U-2를 쳐다보며 소련의 조종사들이 할 수 있는 일이란 빨리 꺼지라고 입에 거품을 물고 경고방송을 하는 것밖에 없었다. 그러나 이미 위험을 무릅쓰고 소련 영토 한가운데까지 날아와 정찰하는 U-2가 경고를 받았다고 비행을 그만 둘 리는 만무했다.

그런데 "나 잡아봐라" 하는 장난을 증오심으로 가득 찬 상대에게 함부로 사용하다가는 큰코다치게 된다. 사실 미국은 소련의 비위를 너무 긁고 있었다. 당시 소련은 중국과 대만의 분쟁에서 미국의 최신예 필살기인 열추적 공대공미사일 AIM-9 사이드와인더를 우연히 입수하게 되었고 이를 즉각 복제하여 AA-2를 개발했다.

이제 AA-2를 장착한 MiG-19와 MiG-21이 U-2를 영접하러 나와서 건방진 도발자를 향하여 미사일을 마구 발사했다. 그런데 초기형 AIM-9은 격추율이 형편없었는데 이를 흉내 내어 만든 AA-2의 성능은 말할 필요조차 없었다. U-2 근처까지 흰 궤적을 남기고 날아오는 AA-2는 상대에게 위협을 주기에는 충분했으나 격추까지는 성공하지 못했다.

이쯤 되면 미국도 좀 더 대책을 강구해야 했는데 그동안의 성과 때문이었는지 무사태평이었다. '설마 그 정도로 무슨 일 있겠어?' 하는 마음으로 별다른 대비책 없이 U-2를 이용한 정찰을 계속 강행했다. 귀중한 정보를 캐기 위해서 이 정도 위험은 당연히 감수해야 하는 것으로 여기고 있었던 것이다.

1959년 절치부심하던 소련은 그동안 비밀리에 개발해온 필살기를 U-2가 지나가는 길목에 배치했다. 후에 베트남전쟁에서 미군기들에게 마왕으로 유명세를 떨친 SA-2 지대공미사일이었다. SA-2는 사거리가 30킬로미터를 넘었고 최대 10킬로미터 고도의 적기까지 요격할 수 있었지만 건방진 미국은 소련의 SA-2에 대해서 제대로 인지하지 못했다.

사실 SA-2의 상승고도를 고려한다면 데이터상으로 최대고도를 비행하는 U-2를 격추하기는 힘들다. 하지만 U-2가 정찰활동에 돌입하면 항상 최대고도로만 비행하는 것은 아니고 경우에 따라 정밀 정찰을 위해서 고도를 낮추기도 했는데, 그 틈을 노린다면 SA-2로 하여금 얄미운 무단 침략자를 잡을 수 있을 것으로 소련은 판단하고 있었다. 소련은 U-2가 자주 지나가던 항로를 따라 SA-2를 촘촘히 배치했다. 그동안의 굴욕을 겪으며 소련은 U-2의 비행경로와 비행고도를 손금 보듯이 훤히 꿰뚫고 있었던 것이다.

1959년 5월 1일 오전 파키스탄 페샤와르 공군기지에서 파워스가 조종하는 U-2가 이륙했고 곧바로 당시 소련의 영토인 카자흐스탄을 가로질러 정찰비행에 들어갔다. 파워스의 U-2는 바이코니르Baykonyr, 첼랴빈스크Chelyabinsk, 무르만스크Murmansk를 거쳐 노르웨이까지 비행할 예정

서방에서 SA-2로 불린 S-75는 베트남전쟁과 중동전쟁에서 명성을 떨친 훌륭한 지대공미사일로 미군 조종
사들이 전봇대라고 비하하면서도 가장 두려워 한 존재였다. ⟨CC BY-SA / Petrică Mihalache⟩

이었다. 하지만 이번에는 얄미운 U-2에게 분노의 똥침을 날릴 만반의
준비를 소련은 은밀히 마치고 있던 상태였다.

소련의 반격과 미국의 망신 ─────

항상 그랬듯이 U-2가 소련 영공에 진입하자 소련 요격기들이 튀어 올
라와 AA-2 불꽃놀이를 선사했다. 항로를 따라 연속하여 마중 나오는
소련의 환영객들을 피하고자 파워스는 그때마다 고도와 속도를 조정하
면서 예정된 정찰코스를 따라 비행을 계속했다.

　비록 위협을 느꼈지만 새삼스러운 것은 아니었으므로 U-2는 유유
자적하게 정찰을 계속하며 중간 목적지인 스베르들롭스크^Sverdlovsk 상공

에 다다랐고 파워스는 좀 더 정밀한 정찰을 위해 하강하기 시작했다. (일부 자료에서는 기체고장이 있어 하강했다고도 한다.) 바로 이때 지상으로부터 흰 연기를 뿜으며 전봇대 같은 물체들이 떼거리로 U-2를 향하여 빠른 속도로 다가왔다. 회심의 필살기 SA-2였다. 당황한 파워스는 기수를 돌려 이를 뿌리치려 했으나 연속해서 날아온 SA-2들은 U-2 근처에서 차례차례 폭발하기 시작했다.

포로로 잡힌 개리 파워스의 모습. 중노동형을 선고받았지만 소련의 거물 간첩 빌리암 피셔와 맞교환되어 석방되었다. 〈CC BY-SA / RIA Novosti archive / Chernov〉

그중 한 발이 치명적인 타격을 가하면서 순식간에 기체가 두 동강 나고 우측 주익이 잘려나갔다. 추락하는 U-2에서 파워스는 긴급히 탈출하여 낙하산으로 내려오게 되었고 동강난 기체는 순식간에 지상으로 추락하면서 산산조각 나 버렸다. 미국 최고의 비밀병기와 이를 조종하던 조종사가 소련 한가운데에 떨어지는 엄청난 사건이 벌어진 것이다.

사실 극도의 비밀임무를 수행하던 파워스는 적진 한가운데 추락하는 이런 사태가 닥칠 경우 스스로 목숨을 끊도록 교육을 받은 상태였다. 기체가 적성국에 나포되었을 경우에 조종사는 U-2를 즉시 자폭시키고 정찰자료를 폐기한 후 최악의 경우 자살해야 하며, 그러한 결과에 대해 미국은 공식적으로 자신들과 전혀 관련 없으며 아는 바도 없는 것으로 대꾸한다고 매뉴얼이 작성되어 있었다. 그러나 파워스는 그렇게 조치할

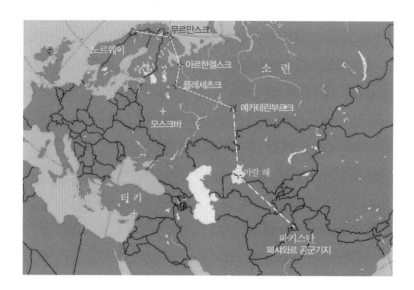

소련의 중심부를 관통하는 개리 파워스의 비행경로. 소련은 예상 경로 곳곳에 SA-2를 비롯한 각종 대공장비를 촘촘히 배치하고 있었다.

격추된 U-2기 잔해를 살펴보는 흐루쇼프. 소련은 자국을 도발한 명확한 증거를 확보하고 미국에 대한 선전공세를 강화했다.

틈도 없이 낙하산이 지상에 도착하기를 밑에서 기다리던 소련군에게 생포되었다.

이처럼 파워스의 생존과 기체의 잔해는 소련에게 체제의 우월성과 미 제국주의자들의 침략성을 대내외에 선전하는 최고의 선전도구가 되었다. 파워스는 소련의 회유와 협박에 치욕적인 나날을 보냈다. 그는 공개 재판 후에 간첩혐의로 3년 징역에 7년 중노동형이라는 처벌을 선고받았지만 피격 21개월 후 미국에서 암약하다 붙잡힌 KGB의 거물 고정간첩 빌리암 피셔Vilyam Fisher와 독일의 포츠담에서 교환되어 생환했다.

부인할 수 없는 확실한 증거를 확보한 소련은 서방을 향한 대대적인 선전공세를 연일 계속했고 드러난 명백한 증거만 가지고도 잘한 것이 하나도 없었던 미국은 수세에 몰릴 수밖에 없었다. 하지만 정보를 얻기 위해 혈안이 되어 상대편 국가에 외교관 등을 빙자한 엄청난 수의 스파이를 상주시키며 온갖 불법행위도 마다하지 않던 것은 소련도 마찬가지였다. 엄밀히 말해 스파이 행위는 공공연한 비밀이었다.

당연히 미국은 사과하지 않았고 공식적으로도 U-2기의 존재에 대해서도 함구했다. 오히려 미국은 전쟁을 막고 상대의 핵무기를 감시하기 위해 정찰기로 상대방의 상공을 자유롭게 정찰하도록 영공을 상호 개방하자고 역공세를 펼쳐 소련을 당황하게 만들기도 했다. 이런 제안은 인공위성이 실용화되면서 현실화되었다.

이처럼 겉으로 드러난 것과 달리 이면적으로는 정보를 얻기 위해 상대의 영공을 불법 침범하는 것도 주저하지 않았고 본때를 보일 능력을 갖춰 상대를 제압하기 전까지 그러한 도발에 속수무책 당하고 있다는 사실을 공개할 수 없었던 이상한 시기가 바로 냉전이었다. 그런데 통쾌하게 응징에 성공한 소련이 U-2로 인해 굴욕을 감내하는 사건이 머지않아 벌어졌다.

소련, 진땀을 빼다 ─────────

1959년 카스트로가 주도한 혁명 이후 쿠바가 사회주의 노선을 지향하며 친소노선을 걷자 그동안 미국인들에게 최고의 휴양지였던 카리브해의 섬나라는 순식간에 눈엣가시 같은 존재로 위치가 바뀌었다. 특히 당시는 미·소의 대립이 가장 첨예하던 시기였는데 공교롭게도 쿠바는 소련의 전초기지가 된다면 미국을 향하여 비수를 겨눌 수 있는 지리적 위치를 점하고 있었다. 따라서 미국의 모든 감시망이 항상 이곳을 주목하게 되었음은 두말할 필요가 없었다. 그러던 중 1962년 중순, 쿠바에서 암약하고 있던 스파이로부터 CIA에 중대한 첩보 하나가 전달되었다.

몇 주일 전부터 쿠바의 아바나^{Havana} 항에서 화물을 하역하고 있는 소련 상선단의 화물 중 상당히 의심스러워 보이는 것들이 있다는 내용이었다. 당시 쿠바는 미국과 국교를 단절하여 경제적으로 철저히 고립된 상태였는데, 혁명을 완수하고 자생적으로 공산화된 미주 유일의 국가를 소련은 적극적으로 나서 도와주었다. 때문에 수많은 생필품과 보급품을 적재한 선박이 소련을 떠나 쿠바로 계속 이어졌는데, 이번만큼은 뭔가 이상한 냄새가 난다는 것이었다. 미국은 의심화물의 실체를 확인해야 했다.

지리적으로 미국의 안보에 직접 위협을 가할 수 있는 위치인 쿠바에서 모종의 음모를 꾸미고 있다면 이를 간과하거나 정치·외교적인 호소만으로 넘어갈 수는 없었다. 당시 미국의 케네디 정부는 이전 아이젠하워 정권과 달리 소련의 대외공세에 유약하게 대처하여 냉전의 주도권을 상실하고 있다는 비판에 직면해 있던 상태였지만 이번만큼은 달랐다. 미국은 그동안 소련을 주로 감시하던 U-2를 쿠바 정찰을 위하여 투입했다.

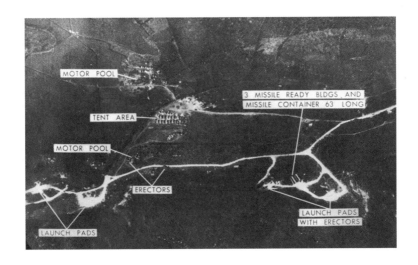

쿠바에 소련이 설치한 미사일기지를 U-2가 촬영했고 이것은 핵전쟁의 위기를 불러왔다. 〈US Air Force〉

1962년 10월 14일, 헤이저^{Richard S. Heyser}가 조종하는 U-2가 쿠바를 횡단하면서 필름 길이만도 무려 16킬로미터에 달하는 막대한 양의 사진을 찍어와 즉시 분석에 들어갔다. 그 결과 쿠바에 소련의 비밀 미사일 기지가 네 곳이나 건설되고 있다는 충격적인 사실이 확인되었다. 그것은 쿠바의 방위를 위한 것이 아니라 핵탄두를 장착한 중거리 지대지미사일 SS-4 MRBM를 운용할 수 있는 기지로 목표는 두말할 필요 없이 미국 본토였다. 바로 영화 〈D-13〉으로 잘 알려진 '쿠바 미사일 위기^{The Cuban Missile Crisis}'가 시작되는 순간이었다.

대내외적으로 젊은 애송이라고 평가받던 케네디였지만 이때는 증거 자료를 공표하고 일전도 불사하겠다는 강력한 의지를 보였다. 하지만 영화에서도 묘사되었듯이 겉으로 표현한 강경함과는 달리 속으로는 전 정권에서 근무하던 경험 많은 노련한 관료들에게 조언을 구하는 등 갈등과 번민을 겪었다. 한편 소련은 예상을 뛰어 넘는 케네디의 강경대응에 움찔하지 않을 수 없었다. 핵을 기반으로 하는 미국과의 정면 대결은 공멸을 뜻하기 때문이었다.

쿠바에 소련의 미사일기지를 허용할 수 없다는 확고한 의지를 보인 미국은 쿠바로 미사일을 운반하고 있다는 의심이 드는 모든 소련 선박에게 회항을 명령했으나 소련은 묵묵부답으로 일관했다. 세계는 미국과 소련이 맞대결하여 핵전쟁이 일어날지도 모른다는 공포에 빠져들고, 세상의 종말이 다가온 것처럼 보였다. 이제 마주 달려오는 냉전의 기관차는 충돌할 시간만 남았다.

바로 그 순간 미국의 단호한 의지에 밀린 소련은 결국 뱃머리를 돌렸다. 이러한 소련의 결정 이면에는 캅카스를 향하여 터키에 배치한 미국의 미사일을 철수하겠다는 반대급부가 있었다. 하지만 흐루쇼프도 아직까지는 소련의 힘으로 미국을 제압할 수는 없다는 점을 깨닫게 되었다. U-2의 피격으로 망신을 당한 미국은 이처럼 U-2의 정찰 결과에 힘입어 소련을 굴복시켰던 것이다.

아직도 날아다니는 용의 눈 ─────

첩보위성이 실용화되었어도 U-2가 훌륭한 정찰도구임이 입증된 이상 요격 위험이 있어도 미국은 이를 적극 운용해야 했다. 위성의 경우는 주기적으로 궤도를 도는 관계로 상대가 비행시간만 파악하면 군사목표물을 은폐할 수도 있었고 아무래도 촬영한 목표물의 해상도가 U-2의 그것보다는 뒤떨어졌기 때문이다. 이러한 이유 때문에 태어난 지 반세기가까이 되었지만 U-2는 적성국 정탐에 있어 지금도 최고의 도구인 셈이다.

그런데 SAM이나 여타 방공기술의 발전으로 말미암아 아무리 고고도를 비행하는 U-2라 해도 시간이 갈수록 격추의 가능성은 더욱 커졌다. 그렇다고 정찰을 하지 않을 수도 없는 노릇이어서 미국은 경우에 따라 편법을 동원했다. 가장 대표적인 예가 1960년대 중국을 정찰하는데 동원된 U-2들이었는데 이들 동체에는 대만의 청천백일기가 선명하게 그려져 있었다. 그 이유는 만일 격추당했을 때 이것은 순전히 대만의 행위이므로 미국과 전혀 상관없는 일이라고 핑계를 댈 수 있었기 때문이다.

현재에도 U-2는 고도의 전략무기이다. 다시 말해 돈이 아무리 많다고 살 수도 없고 팔지도 않는 미국만의 비밀병기이며, 한 번 정찰비행에 억대의 비용이 필요할 만큼 보통의 국가에서는 거저 주어도 운용하기 어려운 물건이다. 1960년대의 대만은 당연히 U-2를 구입할 수도, 운용할 능력도 없었다.

이 때문에 중국 정찰에 투입된 대만의 U-2기는 대만 표식을 달았을

격추 당하여 전시 중인 대만 국적 표시의 U-2기. 하지만 대만에서 이를 운용했다고 믿는 이들은 없다. 〈CC BY-SA / Ben Wong at wikipedia.org〉

U-2는 비행에 상당한 비용이 들고 많은 사전 준비가 필요하지만 뛰어난 정보수집능력을 보유한 전략병기이다. 〈US Air Force〉

뿐이지 실제 운용은 미국이 했다고 단정할 수 있다. 일설에는 만약을 위해 조종도 미국에서 전문 교육을 받은 대만인들이 했다고는 하나 여기에 대해서는 정확히 밝혀진 것이 없다.

중국 본토를 정찰하던 U-2들은 종종 격추당했는데 미국의 의도대로 공식적으로는 중국이 영토를 불법 침범한 대만기를 격추한 것으로 기록되었다. 하지만 앞서 설명한 것처럼 그 어느 누구도 U-2기를 대만이 자주적으로 운용했다고 생각하지 않는다.

한반도에도 제5정찰비행대 소속의 U-2가 오산기지에 배치되어 주기적으로 북한 정찰비행에 투입되고 있고, 지난 2003년 1월에는 작전 중이던 기체가 경기도 화성에 추락한 적도 있다. 흥미로운 것은 한반도에서 작전을 펼치는 U-2는 소련이나 중국에서의 경우와 달리 조종사들이 위험을 무릅쓰고 굳이 적성국의 영공을 불법 침범하여 내륙 깊숙이까지 정찰비행을 하지 않아도 된다는 점이다.

그 이유는 한반도의 종심이 워낙 짧아 북한을 정찰할 때 단지 DMZ을 연한 안전한 남쪽 영공을 따라 비행하기만 해도 평양~원산 이남의 군사적 요충지 대부분을 정확히 정탐할 수 있기 때문이다. 워낙 고고도의 비행이 가능하고 최신의 센서를 갖추었기 때문에 오밀조밀하게 방공망이 밀집한 근처에서도 안전하게 정찰활동에 투입될 수 있는 것이다.

엄청난 속도를 자랑하던 고고도 전략정찰기 SR-71이 은퇴한 현재, U-2는 유일한 전략정찰기로 아직도 분쟁지역과 정밀 정찰이 필요한 곳이면 하늘 높이 날아다니며 눈을 부릅뜨고 있다. 우리나라 상공에 매일같이 U-2가 날아다닌다는 사실은 한마디로 군사적으로 한반도는 세계에서 가장 긴장된 지역이라는 의미이기도 하다. U-2의 운용 이면에 비친 세계사를 반추하여 본다면 이 현실만은 결코 망각하지 않아야 할 것이다.

chapter 5

전차 혹은 대포

◆◆◆

더 이상 존재하지 않는 무기 ───────

강력한 각종 대전차무기의 발달로 인하여 점점 효용가치가 떨어지고 있다고는 하지만 전차Tank는 그 두터운 장갑과 강력한 화력, 무시무시한 돌파능력 때문에 아직도 '지상전의 왕자'라는 명예스런 자리를 계속해서 차지하고 있다. 그렇다보니 실제 성능과 별개로 전차는 남성적인 강력함을 상징하기도 하는데 이 때문에 밀리터리에 관심 있는 사람치고 전차를 싫어하는 사람이 없다.

100여 년 전 현대적 의미의 전차가 전선에 처음 등장한 이후로 현재까지 여러 나라에서 수많은 전차가 만들어졌다. 그렇다보니 군과 전혀 관련이 없는 이들조차도 전차가 대략 어떻게 생긴 무기인지 잘 알고 있고 마니아라면 자신이 좋아하는 전차가 적어도 하나 정도는 있다. 좋아하는 기준은 극히 주관적이지만 대개는 기능보다 외적인 모습에 의해 선호하는 전차가 나뉘는 경우가 많다. 단지 성능만 놓고 본다면 현대의 최신식 전차들이 당연히 인기가 많겠지만 실제로 그렇지 않은 것도 바로 이 때문이다.

그중 제2차 세계대전 당시 활약한 독일의 전차들은 각종 프라모델로 절찬리 판매되고 있을 만큼 대중적인 인기가 높다. 아마 그 이유는 이제는 전쟁사에 전설로 남을 정도가 되어버린 독일군 기갑부대의 뛰어난 군사적 업적 때문이기도 하겠지만, 거기에 덧붙여 전쟁 당시 다양한 종류의 전차가 개발되어 이후 전차에 관심이 많은 이들의 눈을 즐겁게 해주었기 때문이 아닐까 생각한다.

사실 독일은 전차뿐만 아니라 다양한 종류의 기갑장비를 만들어 전투에 사용했다. 결론적으로 이러한 다양성이 군수지원 계통의 혼란과 어려움을 가져왔으므로 옳은 정책은 아니었지만 덕분에 여러 종류의 기갑장비를 볼 수 있게 되었다. 그런데 그중에서 전차라고 하기도 뭔가 부족하고 그렇다고 자주포라고 부르기도 애매한 것들이 있다. 바로 제2차 세계대전 당시에 활약한 돌격포Assault Gun 또는 구축전차Tank Destroyer라고 불리던 애매모호한 장비들이 그 주인공이다.

지금은 더 이상 돌격포나 구축전차라는 카테고리로 특별히 분류하는 기갑장비는 없다. 당시 사용된 일부 돌격포나 구축전차의 생긴 모양만 놓고 본다면 오늘날 많이 사용하는 자주포와 매우 비슷한 모양을 가

독일의 중전차를 요격하기 위해 M4 전차를 개조하여 대구경 포를 탑재한 미국의 M10 울버린(Wolverine) 구축전차. 오픈탑 구조여서 승무원들이 제대로 보호 받지 못했다. 〈CC BY-SA / Raymond Douglas Veydt (BonesBrigade at en.wikipedia.org)〉

진 것들도 있다. 사용 용도로 보았을 때 이들을 자주포처럼 야포의 범주에 넣기에도 애매하고 전차의 모습과 많이 닮았다고 전차라고 단정 지어 분류하기도 꺼림칙하다. 그 만큼 애매모호한 성격을 가진 무기들이라 할 수 있다.

제2차 세계대전 중 미군도 구축전차라고 불리는 M10 울버린^Wolverine 이나 M36 잭슨^Jackson 등을 사용했지만, 사실 독일이나 소련에서 개발하여 사용한 돌격포나 구축전차와는 상이한 부분이 많다.

종전 바로 직후에 개발된 기갑장비 중에 이들의 사상을 일부 승계한 것들이 있기는 했지만 현재는 도태되어 더 이상 사용하지는 않고 있다. 결론적으로 돌격포나 구축전차는 제2차 세계대전 당시에 등장하여 마구마구 사용되고 전후 대부분 소리 소문도 없이 사라져 버려 이제는 공룡화석처럼 박물관의 전시물로만 볼 수 있을 뿐이다. 그렇다보니 신비스러운 느낌마저 주기도 한다.

이도 저도 아닌 이유

자료에 따라서는 단지 부르는 명칭이 다를 뿐 돌격포나 구축전차가 같은 부류의 장비라고 설명하기도 한다. 하지만 둘 사이의 차이는 분명히 있다. 먼저 사전에서는 돌격포를 "엄폐된 적 진지 공격이나 아군 보병의 화력지원을 목적으로 기갑차량에 적재하여 사용하는 직사화기나 곡사화기", 구축전차는 "적 전차를 파괴하는 것을 주 목적으로 전차와 같은 기갑차량에 대전차화기를 적재한 것"이라고 설명하고 있다.

전자는 아군 보병의 화력지원이 목적이고 후자는 적 전차 요격이 목적이다. 그런데 설령 처음부터 그러한 목적으로 이들을 각각 개발했다

소련군에게 노획된 3호 전차와 이를 기반으로 제작된 3호 돌격포. 포탑의 유무로 쉽게 구별이 가능하다.

하더라도 건곤일척의 승부를 겨루는 전쟁터에서 사치스럽게도 특정 목적에만 값비싼 장비를 사용할 수는 없다. 보병의 진격을 가로막는 적 진지가 바로 앞에 있는데 우리는 구축전차이기 때문에 화력지원을 못한다고 주장할 수 없고, 반면 적 전차가 갑자기 아군 보병진지를 돌파하려하는데 우리는 돌격포이므로 적 전차를 공격할 수 없다고 수수방관할 수 없기 때문이다.

그렇다보니 한 대의 전차, 한 문의 대포도 아쉬웠던 전쟁 후반기 들어 기갑차량 비슷하게 생긴 무기들은 탄생 배경이나 목적과 상관없이 앞다퉈 전투에 뛰어들었다. 때문에 1942년 이후로 돌격포와 구축전차의 구분이 모호하게 되었다. 따라서 많은 자료에서 돌격포와 구축전차를 단일 카테고리로 구분하는 경향이 있다. 편의를 위해 앞으로 이 글에서도 둘을 '돌격포'라는 단어로 통일하고자 한다.

현대의 전투기나 공격헬기처럼 제2차 세계대전 당시에도 적 전차를

사상 최대의 기갑전이었던 1943년 쿠르스크 전투 당시에 데뷔한 독일의 페르디난트(Ferdinand) 구축전차. 엘레판트(Elefant)라고 불리기도 했다. 〈CC BY-SA / Scott Dunham at en.wikipedia.org〉

제압하는 최고의 무기는 항공전력이었다. 그 다음의 대항마는 전차인데, 전사에 대규모 기갑전이 발생하는 경우도 바로 이런 이유 때문이다. 그런데 기갑전에서 아군 대 적군의 피해 교환비율이 1 : 1로 되어서는 승리하기가 어렵다. 우선 적 전차보다 기동이 빠르고 화력이 강한 장비가 필요하다.

이런 이유로 화전식 포탑Turret을 갖춘 전통적 모양의 전차에 비해서 포탑을 제거하고 장갑을 줄인 차체에 강력한 대구경의 포를 얹어 사용하면 화력은 강화되는 반면 중량이 줄어들어 기동력이 좋아지게 된다. 이것은 육중한 장갑으로 아군을 보호하며 공격 시 가장 앞에 서서 전선을 돌파해야 하는 전차와는 사용 목적이나 기능이 다르다. 때문에 돌격포가 전차이면서도 전차가 아닌 것이다.

돌격포들은 최전선의 보병부대와 멀리 떨어진 배후에서 화력을 지원하는 야전포병의 자주포와는 성격이 명확히 구별이 된다. 물론 포병들

3호 돌격포(Sturmgeschütz III)는 제2차 세계대전 당시 독일군이 사용한 돌격포의 대명사와 다름없을 만큼 유명하다. 〈CC BY-SA / Slaven Radovic at en.wikipedia.org〉

도 코앞에 적들이 몰려오면 포를 수평으로 내려 직사 공격도 실시하고 심한 경우 백병전까지 벌일 수도 있지만, 그런 경우는 극히 예외이고 대부분의 포병은 그들의 사정거리만큼 후방에서 작전을 벌이는 것이 원칙이다.

반면 돌격포는 기동력을 발판으로 보병들과 함께 최전선에서 작전을 펼치며 근접지원을 하거나 아니면 주요 거점에 매복하여 있다가 적의 기갑부대를 요격하기 때문에 전차처럼 전선의 가장 앞에서 작전을 펼쳤다. 이처럼 화력만 놓고 본다면 포병과 다름없지만 마치 보병처럼 전투에 임하기 때문에 돌격포는 대포이면서도 대포가 아닌 것이다.

구상과 등장 ————————

1934년 히틀러가 전격적으로 재무장을 선언하고 군비를 확충할 무렵, 독일은 제1차 세계대전 말기 등장한 전차가 장차전의 주역임을 깨닫고 이에 대한 집중적인 육성, 개발에 힘쓰게 되었다. 그중 기갑부대의 아버지로 추앙받는 구데리안Heinz Guderian 같은 선각자들은 전차를 보병부대에 분산하여 배치하는 방식이 아니라 이를 한군데로 집중시켜 돌격의 선봉을 담당할 대규모 기갑부대로 육성하는 것이 타당하다고 판단했다.

그런데 기갑부대가 이처럼 별도의 부대로 재편되면 그 전력을 극대화할 수는 있겠지만, 보병부대를 따라다니면서 엄호할 전력이 없게 된다는 문제가 발생할 수밖에 없었다. 많은 양의 전차를 생산하여 별도의 기갑부대도 만들고 보병부대에도 충분한 전차를 공급하여 주면 좋겠지만 이는 현실적으로 곤란했다. 지금도 독일축구대표팀을 전차군단이라 표현할 만큼 제2차 세계대전 당시 독일군 하면 전차부대를 먼저 떠올

돌격포의 도입을 구상했던 독일 육군 참모총장 베크. 그는 나치에 반대하던 몇 안 되는 독일 군부의 양심으로 제2차 세계대전 발발 이전에 해임되었고, 이후 히틀러 암살미수사건의 주동자로 체포되어 처형되었다. 〈CC BY-SA / Bundesarchiv〉

리지만 사실 전쟁 내내 물량 부족으로 고민했을 만큼 독일군이 운용하던 전차는 그리 많지 않았다.

1935년 당시 독일 육군 참모총장 베크^{Ludwig Beck}는 어느 정도의 장갑력과 화력을 갖추어 최측근에서 보병을 보호하며 함께 작전을 펼치고 적의 주요 목진지를 공격할 기갑장비가 필요하다고 주장했다. 이러한 구상은 이후 돌격포의 단초가 되었지만 당시 독일의 현실은 이를 충족할 만한 그 어떠한 여건도 조성되어 있지 않았다.

제1차 세계대전에서의 패전으로 체결된 베르사유조약에 따라 독일은 오랫동안 군비에 제한을 받아 왔고 전차 같은 중화기는 개발과 보유 자체가 금지되었다. 재군비를 선언하고 서둘러 전차 개발에 나섰을 때 주

재군비 선언 후 독일은 기갑부대 육성에 나섰으나 1호, 2호 전차는 차마 전차라고 부르기도 민망한 수준이었다. 전차가 이 정도였으니 제2차 세계대전 발발 직전까지 돌격포의 도입은 요원한 상태였다. 사진은 독일 전차박물관(Deutsches Panzermuseum Munster) 소장 1호 전차 모습. 〈CC BY-SA / baku13 at en.wikipedia.org〉

변국과 기술적 격차도 컸다. 현실에서는 베크가 머릿속으로 막연히 구상하던 돌격포보다 더 빈약하고 장난감 같은 1호, 2호 전차가 생산되어 기갑부대에 막 배치되기 시작한 상태였다. 본격적인 전차라 할 수 있는 3호, 4호 전차는 겨우 개발이 완료되고 시험생산이 이루어지고 있을 뿐이었다.

1939년 폴란드전의 실전 경험을 통하여 돌격포의 필요성이 강력히 제기되었다. 전사에는 폴란드군을 손쉽게 제압한 것으로 기록되었지만 여러 군데서 폴란드군의 강력한 저항에 막힌 독일 보병부대들은 곤혹을 치렀다. 그렇다보니 폴란드와 비교할 수 없을 만큼 강한 프랑스 침공전을 앞두고 새로운 무기의 필요성이 제기된 것은 당연하다.

독일이 프랑스를 침공할 시점인 1940년이 되어서 비록 빈약하기는 하지만 그동안 개발해온 3호, 4호 전차가 일선에 배치되면서 돌파의 중핵으로 떠오르게 되었다. 그러자 독일은 일단 2선으로 빠진 일부 1호, 2호 전차의 차체를 이용하여 대구경포를 장착한 보병지원차량을 만들었고, 포탑을 제거한 일부 3호 전차의 차체에 강력한 75mm 대구경 포를 장착한 기갑차량을 제작했다.

1940년 프랑스 침공전 당시의 돌격포(15cm sIG 33Sf auf Panzerkampfwagen I Ausf B). 1호 전차 차체에 150mm 직사포를 탑재한 형태로 이후 등장한 돌격포나 구축전차와 비교한다면 부족한 것이 많았다. 〈CC BY-SA / Bundesarchiv / Jesse〉

전자의 경우는 장갑이라고는 거의 없이 오픈된 구조의 이동용 근접 직사화기 정도 수준이었지만, 후자의 경우는 적 보병의 소화기 공격을 충분히 방어할 수 있는 방어력을 보유했다. 3호 전차를 개조한 파생형이 대부분 자료에서 본격적인 독일 돌격포의 시작으로 보는 3호 돌격포Sturmgeschütz III이다. 이렇게 탄생한 최초의 돌격포는 독일군도 전차가 아닌 포로 보았다. 따라서 돌격포 부대원들은 독일군 기갑부대 특유의 검정색 전차복이 아닌 일반 보병 전투복을 입었다.

프랑스전에 등장한 3호 돌격포는 보병부대를 엄호하고 보병의 진격을 막는 토치카 공격에 대단히 효과적인 무기라는 것이 입증되었다. 포탑이 제거되어 차체가 낮은 관계로 적의 공격으로부터 효과적인 방어가 가능하고, 강력한 화력은 적 전차 요격에 대단히 뛰어났다. 독일 군부는 즉시 돌격포에 매혹당할 수밖에 없었다.

이를 기점으로 대량생산에 착수하여 전쟁기간 내내 8,000대 이상의 각종 돌격포를 생산하기에 이른다. 돌격포는 독일군이 가는 곳이면 어디나 쫓아다니며 뛰어난 활약을 보여주었다. 3호 돌격포의 성공을 발판 삼아 독일은 전쟁기간 중 기존의 4호 전차나 이후 개발된 5호 전차 판터Panther나 6호 전차 티거Tiger의 차체를 이용하여 대구경 화포를 장착한 여러 종류의 돌격포를 생산하여 대규모로 전선에 투입했다. 하지만 돌격포가 대량 사용된 이유는 단지 성능이 좋았기 때문만은 아니다.

어쩔 수 없었던 선택 ────────

스탈린그라드 전투 직전까지 독일이 전 유럽을 지배했다고 하지만 한편으로는 연합군에 의해서 해상을 봉쇄당한 형국이었다. 강력한 루프트바페도 전투기의 항속거리가 짧아 원해까지 나가서 독일 해군을 보호할 수는 없었으므로 연합군의 해상 포위망을 뚫을 방법이 없었다.

바다의 늑대인 유보트U-boat들이 대활약을 벌였지만 연합군 해군의 봉쇄를 뚫어 독일 해군의 진출로를 만들고자 했던 것은 아니고, 단지 영국을 향해 이어지던 생명선을 차단하기 위한 것이었다. 다시 말해 "나도 막혔으니 너도 막혀봐라" 하는 심정이었는데, 이것은 독일이 대외로부터의 물자 조달에 어려움을 겪고 있다는 이야기이기도 했다.

이런 이유로 전쟁이 장기화되고 전선이 확대될수록 독일은 병력뿐만 아니라 자원의 부족에 시달릴 수밖에 없었다. 특히 제2차 세계대전 들어 전선의 주역으로 떠오른 전차의 공급량이 수요에 턱없이 모자랐다. 때문에 독일은 점령지 프랑스, 체코 등의 전차 및 노획한 적 전차를 대거 동원하여 부족한 전차를 보충했다. 하지만 이러한 노력에도 불구하고 독소전이 격화하면서 소련이 개발한 고성능 전차들이 속속 전선에 등장하자, 독일 기갑전력은 수량에서 뿐만 아니라 질적으로도 더욱 열세에 몰릴 수밖에 없었다.

장인 정신으로 가득 찬 기술자들이 하나하나 깎고 조립하는 독일의 생산구조는 단품을 명품으로 만드는데 손색이 없었지만 대량생산체계

체코의 38t를 기반으로 개발한 헤처는 전후 스위스에서 G-13으로 제식화되었다.

5호 전차의 차체를 이용한 야크트판터(Jagdpanther) 돌격포. 종전 후 프랑스군이 사용하기도 했다. 〈CC BY-SA / Ekem at en.wikipedia.org〉

4호 전차 차체를 이용한 나스호른(Nashorn) 돌격포. 제2차 세계대전 중 독일에서 가장 많이 생산한 4호 전차는 다양한 돌격포의 플랫폼으로 활용되기도 했다. 〈CC BY-SA / Fat yankey at en.wikipedia.org〉

에는 적합하지 않았다. 대량의 전차를 요구하는 일선의 절규에 독일은 묘안을 생각했다. 3호 돌격포로 재미를 본 경험을 바탕으로 기존 전차의 일부를 돌격포로 변경하여 생산한 것이다. 포탑이 제거된 만큼 제작이 쉽고, 부품이나 재료가 절감되어 제작기간을 단축할 수 있었다. 거기에 화력까지 좋아 수세에 몰린 독일의 입장에서는 선택의 여지가 없었다.

이러한 독일의 돌격포들에는 1호, 2호 전차 및 프랑스 노획 전차의 차체를 활용한 마더 II^{Marder II}, 성공적이었던 3호 돌격포의 파생형으로 3호 전차 차체에 150mm 대구경포를 탑재한 33B, 4호 전차 차체를 이용한 랑^{Lang}, 나스호른^{Nashorn}, 브룸베어^{Brummbaer} 등이 있었다.

그중 특이한 것으로 점령국 체코의 전차인 38t를 기본 플랫폼으로 하여 개발한 헤처^{Hetzer}가 있었는데 당시에도 3호, 4호 전차를 개조한 돌격포보다 10톤이나 경량이면서도 실전에서 더 좋은 성능을 보여 호평을 받았다. 헤처는 종전 후 스위스군에서 G-13이라는 명칭으로 제식화되었을 정도로 당대는 물론 이후에도 상당기간 명품의 대열에 올랐다.

전쟁 중반기 이후 등장한 5호 전차를 개조한 야크트판터^{Jagdpanther}, 6호 전차를 개조한 슈툼티거^{Stumtiger}, 야크트티거^{Jagdtiger} 등은 날렵한 돌격포의 모습이 아닌 화력강화형 전차에 가까웠고, 실제로도 전차의 역할을 수행했다. 사실 이들이 전선에 등장했을 때는 독일이 수세에 몰리기 시작하던 시점이고 전차의 수량 또한 많이 부족하던 때라, 돌격포가 기갑사단에 편제되어 전차 역할을 대신하기도 했다.

역사의 뒤안길로 ─────

서두에 언급한 것처럼 돌격포나 구축전차가 독일의 전유물은 아니다. 오히려 일부 자료에서는 이런 개념의 기갑장비를 처음으로 제식화한 나라는 소련이라고 설명하고 있다. 소련 또한 전쟁기간 중 KV-1 중전차 차체를 개조하여 만든 KV-2 같은 무시무시한 장비를 유효 적절히 사용했고, SU-85, SU-122, SU-152 같이 독일의 돌격포처럼 전차의 포탑을 제거한 본체에 대구경 포를 탑재한 형태의 구축전차들을 대량으로 만들어 전선에 투입했다.

하지만 소련은 독일의 돌격포와는 조금 상이한 개념으로 이들을 운용했다. 아마도 독일과 달리 전차가 충분히 전선에 공급되어 보병 배후

전선 돌파보다는 보병 배후에서 화력지원 용도로 사용한 소련의 SU-122. 〈CC BY-SA / Saiga20K at Wikimedia Commons〉

전후 서독이 제작하여 독일연방군이 사용한 카노넨야크트판처(Kanonenjagdpanzer) 전차. 돌격포의 설계사상이 반영된 모습을 볼 수 있다. 〈CC BY-SA / Bundesarchiv / Berretty〉

에서 화력을 지휘하는 형태로 운용되었기 때문이 아닌가 생각한다.

어쨌든 포탑을 제거하여 대구경 포를 전차 차체에 장착하여 사용함으로써 전차보다 제작이 용이했고, 그만큼 가벼워 기동력이 뛰어났으며, 전고가 낮은 만큼 매복이나 기습에 효과적이었던 돌격포는 제2차 세계대전의 종전과 더불어 기갑 역사에서 홀연히 사라져버렸다. 전후 프랑스군이 야크트판터, 스위스군이 헤처를 제식화하여 사용한 것처럼 그 성능이 주력 전차로 사용하기에도 무리가 없을 만큼 좋았고, 이런 장점을 물려받은 스웨덴의 S-전차나 독일연방군의 카노넨야크트판처Kanonenjagdpanzer가 전후에 출현하여 제식화된 것을 생각한다면 오늘날 이들이 기갑장비 명단에서 빠진 것은 왠지 아쉽다는 생각이 들기도 한다.

굳이 겉모양이라도 비슷한 것을 찾아본다면 엘레판트 구축전차와 비슷한 모양을 가지고 있는 K-55 같은 형태의 중장갑을 갖춘 자주포들이 있는데, 사용 용도가 보병화력 지원용이기보다는 적 전차 요격용으로 주로 사용되었기 때문에 받아들이는 느낌은 다를 수밖에 없다.

무기의 발달, 특히 유도무기의 발달 및 경량화로 인하여 예전처럼 보병을 보호하며 근접화력지원을 하는 형태의 돌격포나 매복하여 있다가 적 전차를 요격하는 구축전차는 현대전에서 불필요한 무기일 수도 있다. 하지만 방법이 바뀌었다고 목적까지 사라진 것은 아니다. 오늘날 보병을 탑승시켜 적의 소화기로부터 아군을 보호하면서 최전선을 돌파하는 역할을 담당한 보병전투차량(IFV)에서 돌격포의 자취를 어렴풋이 느낄 수 있고, 이러한 장갑차에 탑재한 소형의 대전차미사일이나 보병들이 장비한 대전차미사일(ATM)은 오히려 구축전차보다 강력한 대전차 타격능력을 보유하게 되었다.

또한 값비싼 전차가 예전처럼 단일 목적보다는 다용도의 종합전술병기로 진화하는 현실에서 볼 때, 전쟁 당시처럼 여러 종류의 전차를 마구 개발하는 것은 군수지원을 고려하면 올바른 선택은 아닐 수도 있다.

하지만 세상의 주인으로 행세하다 어느 날 갑자기 사라진 공룡들처

현재 최강의 자주포로 명성이 자자한 독일의 PzH 2000. 외형상으로는 구축전차와 상당히 유사하지만 사용 용도가 판이하게 다르다. 〈CC BY / Quistnix at Wikimedia Commons〉

럼, 사상 최대의 전쟁이었던 제2차 세계대전에서 전선의 주역으로 맹활약하다가 홀연히 사라져간 돌격포들을 보면 아쉬움이 더하다. 단지 보기에 좋다는 이유만으로 무기가 만들어지고 사용되는 것은 아니지만 경우에 따라 무기는 고유의 목적 대신 여러 가지 이유로 많은 이들로부터 사랑을 받기 때문이다.

chapter 6
숨는 자, 찾는 자

새로 등장한 바다의 저격자 ───────

잠수함Submarine이 전쟁에서 치명적인 위력을 발하기 시작한 것은 제1차 세계대전 당시 독일 해군의 유보트U-Boat에 의해서이다. 내연기관을 갖춘 현대적인 의미의 잠수함은 19세기 말에 등장했지만 정작 각국 해군은 잠수함의 효용성에 대해 그다지 기대를 하지는 않았고, 여전히 해군의 주력은 대구경의 포를 장비한 전함Battleship이라 생각했다.

이런 고루한 사상이 머릿속 깊이 박혀 있을 당시에 독일 해군은 잠수함을 이용하여 놀랄 만한 전과를 기록했다. 독일은 비록 전쟁 전까지 대대적인 건함을 통해서 영국 해군에 이은 세계 2위 수준의 해군력을 보유했지만 연합군보다는 절대 열세여서 적극적인 정면 대결은 할 수 없

제1차 세계대전에서 잠수함은 효용성을 입증했다. 사진은 항구에 정박 중인 독일 유보트 U-14. 〈The Library of Congress〉

었다.

참고로 영국은 해군력 2위 국가와 3위 국가의 전투함을 합친 것보다 더 많은 전력을 보유하는 이른바 '2개국 함대 정책'을 해군력 유지의 기조로 삼고 있어서 영국과 독일의 전력 차이는 단지 랭킹 한 단계의 차이가 아니었다. 따라서 유틀란트Jutland 해전 정도를 제외하고 전쟁 내내 대부분의 독일 전투함들은 항구에 머무르는 굴욕을 감내해야 했다.

바로 이때 독일은 잠수함의 최대 장점인 은밀성을 최대한 이용하여 연합국 수상함을 요격해 나가는 변칙적인 전법을 사용했다. 당시 세계 해군을 선도하고 있던 영국은 이러한 기습을 상식에 어긋난 비겁한 행동으로 매도했다. 영국도 잠수함을 운용했지만 이를 이용하여 급습하는 행위를 정정당당하지 않다고 생각했을 만큼 사고가 보수적이었다.

독일은 종전 시까지 150여 척의 유보트를 투입하여 무려 1,200만 톤의 각종 연합국 선박을 침몰시키는 놀라운 전과를 발휘했다. 그런데 여기에는 전투함도 있었지만 물자를 수송하는 비무장 상선과 여객선도 있었다. 이러한 무차별적인 선박 공격은 미국의 참전을 불러오는 결정적인 요인이 되었고, 결국 독일은 1918년 초에 있었던 호기를 살리지 못하고 무너져 내리며 전쟁에서 패했다.

연합군의 보복이 두려운 독일은 제1차 세계대전 종전 직후 상당량의 유보트를 자침시켰다.

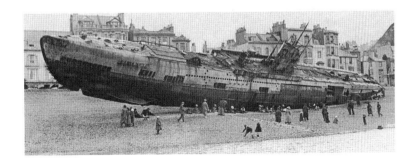

그런데 은밀한 잠수함이라 해도 구조적으로 결정적인 약점이 있었다. 자주 수면 위로 부상浮上해야 하는 점이었는데, 그 이유는 잠수함의 동력 구조에 기인한다. 재래식 잠수함은 디젤 엔진으로 발전기를 가동하여 생산된 전력을 축전지에 충전한 후, 이를 이용하여 전기모터를 작동시켜 추진력을 얻는 구조이다.

그런데 디젤 엔진으로 발전기를 작동할 경우 외부로부터 공기를 공급받아야 하므로 수시로 수면 위로 부상할 수밖에 없었다. 내연기관을 가동하기에 충분한 산소를 물속에서 구하기란 상당히 어려운 일이기 때문이다. 더구나 당시 축전지는 크기에 비해 많은 양의 전기를 보관하지 못했으므로 시간이 날 때마다 발전을 해야 했다. 따라서 최악의 경우 교전 중에 적 앞에서 부상해야 하는 경우도 왕왕 벌어졌다. 또한 당시의 기술력으로 수중에 숨어서는 할 수 없었던 정찰 및 통신을 위해서라도 잠수함의 장점인 은밀함을 포기하고 부득불 물 밖으로 고개를 내밀어야 했다.

약점을 찾아서 공격하기 ──────

오늘날 핵잠수함은 이론적으로 무한대 잠항이 가능하고, 재래식 동력 잠수함도 AIP(Air Independent Propulsion, 공기불요추진체계)의 탑재로 인하여 잠수 시간이 획기적으로 증대했다. 거기에 더하여 수중에서 외부와 통신하거나 수면 위를 탐지할 수 있는 여러 기기가 개발되어서 예전처럼 수시로 부상해야 하는 일이 많이 줄어들었다. 하지만 잠수함이 본격 활약하기 시작한 당시에만 해도 이것은 극복하기 어려운 한계로 여겨졌다. 따라서 지금과 달리 수상으로 항해하다가 작전에 돌입하면서

예전에 비해 재래식 동력 잠수함의 작전시간은 늘어났으나 발전을 위해 수면 위로 부상을 해야 한다. 그런데 이때가 가장 방어에 취약한 시점이다. 사진은 2004년 림팩 훈련 당시 수면 위로 부상하여 운항 중인 SS-61 장보고함. 〈US Navy〉

비로소 잠수하는 것이 당시의 일반적인 패턴이었다.

수상함이 잠수함을 잡는 가장 좋은 방법은 공격을 받기 전에 먼저 발견하여 폭뢰나 어뢰 등을 이용하여 침몰시키는 것이었다. 당연히 수면 위로 부상한 잠수함은 손쉬운 먹잇감이 되었다. 사실 잠수함은 어뢰 이외에 별다른 외부무장이 없었던 관계로 적들 앞에 부상한다는 자체가 곧 잠수함의 최후를 의미하는 것이었다.

이러한 잠수함의 약점을 노려 요격하기 위한 구축함Destroyer이 해군의 주요 전력으로 등장한 것도 이때부터이다. 오늘날은 구축함이 종합전투함의 성격을 가지고 있지만 당시에는 오로지 잠수함을 잡기 위한 목적으로 운용되었고 배수량도 2,000톤 이하여서 오늘날의 초계함Corvette 정

오늘날 하늘에서 바다를 감시하는 초계기에는 육상발진형, 항공모함 탑재형, 헬기형 등 여러 형태가 있다.
미국이 최근 도입한 최신 해상초계기인 P-8은 육상 기지를 기반으로 작전을 펼친다. 〈US Navy〉

도의 크기에 불과했다. 이들 구축함은 잠수함이 부상할 만한 위치를 주로 탐색하며 사냥하기 위해 애썼다.

그런데 함정들이 쉴 새 없이 넓은 바다를 돌아다니면서 적 잠수함을 찾는 것은 오늘날에도 한계가 있는 수색방법이다. 더구나 지금과 달리 원거리 목표물에 대한 탐지 센서가 없다시피 하던 20세기 초에는 더더욱 그러했다. 그런데 인간은 제1차 세계대전을 거치며 개척한 새로운 영역을 통해 바다를 감시하는 방법을 알게 되었다. 바로 하늘이다. 인간은 비행체를 이용한 해상초계가 상당히 효과적임을 깨달았다.

부상한 잠수함을 찾는 방법이 이처럼 물 위의 하늘에 있었던 것이다. 일단 고공에 올라가면 보다 먼 거리에 있는 곳까지 쉽게 감시할 수 있고, 반대로 수면 위나 수면 아래에 있는 함정들은 하늘의 감시자를 쉽게 인식하지 못했다. 현대에 와서 잠수함의 동력체계 변화 및 소노부이

Sonobuoy 같은 대잠 탐지수단의 발달로 인하여 육안에만 의지하던 초기와 다른 모습을 보이지만 하늘로부터 잠수함을 찾는 노력은 아직도 계속되고 있다.

오늘날 대표적인 대잠 초계기들은 해안 부근이나 대형 항공모함에 근거를 두고 작전하는 고정익기 형태와 주로 구축함이나 호위함 정도 규모의 함정에 탑재하여 작전을 펼치는 헬기 형태로 구분된다. 그만큼 하늘을 이용하여 잠수함을 추격하는 방법이 다양화되었다.

초기의 모습 ─────────

대잠 초계기는 그 특성상 장시간 하늘에 체공해야 하지만 기동이 날렵하거나 속도가 빠르지 않아도 된다. 때문에 플랫폼이 되는 비행기들은 장거리를 장시간에 걸쳐 비행할 수 있으면 되므로 굳이 기체가 고성능일 필요까지는 없다. 그러나 대잠작전 및 해상초계에 필요한 각종 센서 Sensor류가 워낙 고가의 장비이다 보니, 이러한 장비들을 탑재한 대잠 초계기 한 기의 가격은 보통 고성능 전투기의 그것을 능가하고는 한다.

이처럼 초계임무를 실질적으로 좌우하는 각종 센서류는 그 자체만으로도 고도의 전략물자인데, 수요처도 한정되어 있고 제작에도 정밀한 기술력이 요구되어 이를 생산하는 나라도 얼마 되지 않는다. 이런 장비들은 대개 역사적으로 막강한 해군력을 보유하던 나라들이 자신들의 해상 지배력을 계속 유지하려는 필요에 의해서 장기간의 노력과 개발 끝에 이룬 성과물이다. 때문에 이 분야의 기술은 미국과 영국이 선도하며 대부분이 비밀로 취급되고 있다.

잠수함의 무서움이 널리 알려진 시기는 유보트의 신화가 처음 등장

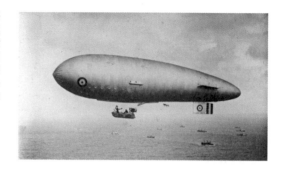

제1차 세계대전은 비행기가 본격적으로 무기로 활용된 시기였으나 항속거리 등이 짧아 넓은 지역을 장시간 초계할 플랫폼으로 사용하기는 곤란했다. 따라서 비행선이 최초 초계용 항공 플랫폼으로 등장했다.

한 제1차 세계대전인데, 당시에는 주로 사람의 오감에 의해서 잠수함의 탐지가 이루어졌다. 워낙 유보트의 활동이 극심하여 오늘날 보편적인 대잠 초계장비로 사용되는 소나Sonar의 아버지라 할 수 있는 ASDIC 같은 초보적인 초계장비가 개발되기도 했지만 그리 성능이 좋지는 않았다고 전해진다.

독일의 유보트들은 잠항을 오래 지속할 수 없었고 충전 등을 위하여 수시로 수면 위로 부상했지만, 연합군이 수상함과 초보적인 탐색장비만으로 이들을 발견하기란 매우 힘들었는데 특히 기상이 나쁠수록 초계가 어려웠다. 이처럼 넓은 바다 위를 떠돌아다니며 감시할 수 있는 영역이나 시간은 한정될 수밖에 없었다. 이때 하늘에서 잠수함을 감시하는 방법을 생각한 것이었고 비행선Airship이 가장 적당한 플랫폼으로 떠올랐다.

제1차 세계대전은 비행기가 실전에 본격 투입된 무기사적으로 혁명적인 시기였지만, 당시의 비행기는 체공시간이나 비행반경 등을 고려할 때 넓은 바다 위에서 잠수함을 탐색하는 데 적합하지 않았다. 그래서 비행선이 초계도구로 사용된 것이다. 하지만 오늘날 센서에 해당하는 부분은 오로지 비행선에 탑승한 인간의 눈眼 밖에는 없었다.

또한 당시의 통신기술을 고려할 때 잠수함을 발견했어도 이를 해군

하늘에서 해상을 감시하는 것이 효과적 방법임이 입증되었다. 제1차 세계대전 말기인 1918년 비행선을 이용하여 해상을 초계하는 프랑스군.

구축함에 즉시 통보하는데 애를 먹었다. 마땅한 자체 대잠 공격능력을 보유하지 못하여 부상한 잠수함을 바로 아래에서 발견해도 손가락만 빨았다. 더구나 비행선은 장시한 체공이 가능한 반면 속도가 느리고 거대한 동체를 이착륙시키기 위해서 해안 주변에서만 활동할 수 있었다. 이처럼 비행선은 전술적으로 뛰어난 효과를 발휘하기가 힘들었다. 하지만 하늘에서 잠수함의 출몰을 감시하는 것은 망망대해를 수십 척의 수상함들이 떼를 지어 헤집고 다니는 것보다는 분명히 효과적이었다.

오늘날 고성능 PC와 최초의 개인용 컴퓨터인 APLLE II를 단순히 성능만 가지고 비교할 수는 없지만, 컴퓨터는 집채만 한 대형이고 전문가들만이 사용한다는 고정관념을 무너뜨린 APLLE II와 같은 선구자의 등장이 없었다면 오늘날의 정보화사회를 만든 기술적 발전과 진보도 없었을 것이다. 요즘 스마트폰의 열풍도 이미 시대를 앞서보고 사전에 차근차근 준비한 기술적 기반이 있었기에 탄생한 것이다.

마찬가지로 제1차 세계대전 당시에 인간의 감각에 의지하여 적 잠수함을 발견하던 초보적인 형태의 공중초계활동을 결코 우습게 볼 수는 없다. 이처럼 하나하나의 시도와 시행착오가 쌓여서 오늘날 고성능의 대잠 초계기가 탄생하고 발전한 것이다. 여담으로 전통적인 방법인 '견시見視'는 오늘날에도 중요한 감시수단인데, 그것은 그 어떠한 기계도 인간의 오감을 완벽하게 대체하기는 힘들다는 의미이다.

이제는 스텔스Stealth가 전투기의 대세가 되어버렸지만 아무리 신기술을 적용한 비행체라도 만화영화처럼 사람의 눈에 보이지 않거나 비행소리가 들리지 않는 것은 아니다. 따라서 오감에 의한 해상초계는 앞으로도 계속 중요한 탐지방법으로 남아있을 것이다.

하늘에 뜬 저승사자 ─────────

레이더가 실용화되어 그 엄청난 위력을 발휘한 영국본토항공전의 예처럼 제2차 세계대전은 각종 군사기술이 비약적으로 발전한 시기로 대잠초계 분야 또한 폭 넓은 진화가 있었다. 각종 탐지장치가 등장하고 무선통신기술이 폭넓게 사용되며 예전과 비교할 수 없을 만큼 광범위한 범위의 탐색이 가능하여, 제1차 세계대전 때와 달리 인간의 시야를 벗어난 지역까지 초계가 가능해졌다.

그리고 제2차 세계대전, 특히 태평양전역에서 해군력 패러다임에 급격한 변화가 있었는데 바로 항공모함의 본격 실용화와 각종 함재기의 발달이다. 특히 1941년 12월 7일 일본의 진주만 공격은 항공모함이 바다의 왕자로 등극하게 되는 결정적인 전환점이었다. 이는 육지에서 멀리 떨어진 원양에서도 지리적인 제한을 받지 않고 자유로운 항공작전

1910년 미 해군 순양함 버밍엄(Birmingham) 갑판에 만든 임시활주로에서 이함하는 D형 복엽기. 이처럼 기기의 발달과 항공모함의 실용화에 힘입어 보다 광범위한 해상초계가 가능해졌다. 〈US Navy〉

이 가능하게 되었음을 뜻하는 것이었다.

때문에 항공모함에 탑재한 함재기를 이용하면 함대나 상선의 이동경로를 미리 탐색하여 적 함대를 사전에 수색하고 경우에 따라서는 즉시 공격도 이루어지게 되었다. 그러나 당시는 기술력이 부족하여 오늘날처럼 하늘에서 수중을 감시하는 정밀한 탐지기기가 아직 실용화되기 전이었다. 다시 말해 하늘 위에서 물속에 숨어 있는 잠수함까지 발견하기는 힘들었다.

그러므로 해상초계활동 중 발견한 적 수상함이나 부상한 잠수함이 아닌 수중에서 잠항하는 잠수함을 탐색하고 공격하는 임무는 구축함이

잠항하면서 공기를 흡입할 수 있는 스노클. 하지만 수면 위에 남긴 흔적으로 말미암아 초계기가 쉽게 탐지할 수 있었다. 〈US Navy〉

담당했다. 다만 부상한 잠수함의 탐색은 이전에 비해 월등히 쉽고 공격도 즉시 가능했다. 이때부터 잠수함은 배터리 충전 등을 위하여 부상할 때 예전보다 더욱 조심하게 되었고, 구축함뿐만 아니라 하늘로부터의 감시와 공격에도 항상 대비해야 할 만큼 위험스러운 임무환경을 맞이했다. 부상 직전에 주변 해역에 적함이 있는지 확인하기 쉬워도 하늘 위에 있는 감시자까지 알아내기는 상당히 어려웠다.

물론 도전과 응전의 법칙처럼 잠항하면서 공기를 흡입할 수 있는 스노클Snorkel 같은 장비의 개발로 부상에 따른 피격 위험을 조금은 감소할 수 있었다. 하지만 스노클도 일단 수면 위로 흡배기 통로를 내밀어야 하므로 작동 시에 하늘에서 발견하여 공격하기 쉬운 흔적을 바다 위에 뚜렷이 남겼다. 한마디로 대잠 초계기가 잠수함의 천적으로 서서히 떠오르기 시작한 것이다.

아직은 초보 수준이던 대잠 초계기였지만 제2차 세계대전 중반을 넘어서면서부터 그 위력은 가히 상상을 초월할 정도로 변모했다. 특히 대서양과 유럽 인근에서 주로 활약하던 독일 해군 유보트의 손실을 보면

잠수함의 어설픈 부상은 최후를 의미하는 것이다. 사진은 공격을 받고 침몰하기 직전의 U-175. 〈US Coast Guard〉

대잠 초계기의 위력을 여실히 알 수 있다. 당시 연합군 함정에 의한 손실이 264척인데 비하여 대잠 초계기에 의한 손실도 250척이었고 결국 하늘로부터의 공격에 진절머리가 난 독일은 대공포를 장착한 초계기 요격잠수함인 U-flak까지 취역시킬 정도였다.

당시의 대잠 초계기는 적 잠수함의 출몰이 예상되는 지역을 천천히 초계비행하면서 잠수함의 부상 흔적 등을 찾는 형태였는데, 만일 수면 위에 이상 징후를 발견하면 근처 아군에게 통보하여 즉시 요격하도록 하거나 만일 적 잠수함이 초계기의 공격 범위 안에 노출되어 있다면 직접 폭격 등을 실시했다. 그만큼 잠수함이 안전하게 활동할 수 있는 시간과 영역이 제한되기 시작한 것이다.

이와 같이 지속적인 대잠 초계를 위해 제2차 세계대전 당시 미국은 크게 두 가지 형태의 대잠 초계기를 운영했다. 하나는 항공모함에 탑재한 전투기와 뇌격기(어뢰를 이용하여 적함을 공격하는 전투기)를 하나의 편대로 구성하여 대잠 임무를 수행하는 것이었는데, 이런 조합 형태는 아군 함대의 이동로를 사전에 보호해야 하는 상황이거나 적의 반격이 있을지도 모르는 최전선의 해역에서 이루어지는 작전 형태였다. 즉 빠른 시간 내 적을 감지하고 격퇴하기 위한 방법으로 상당히 효과적이었지만 작전활동시간은 짧았다.

또 하나는 제해권을 장악한 후방 해역에서 적 잠수함의 게릴라식 기습을 막기 위한 작전 형태였는데, 장거리 항속 및 체공이 가능한 대형 수상기를 이용하여 대잠 초계활동을 펼쳤다. 작전시간이 길어 보다 넓은 범위의 해역을 효과적으로 감시할 수 있었지만, 적 잠수함 발견 시 종종 신속히 타격하지 못하는 단점도 있었다. 이렇게 항공모함에 탑재한 소형 대잠 초계기를 이용한 초계활동과 육상에서 발진 가능한 대형 항공기를 이용한 초계활동은 오늘날도 계속 이용하고 있는 일반적인 대잠 초계 형태로 자리 잡았다.

좀 더 확충할 부분 ──────

오늘날은 탐지기기의 발달에 힘입어 물 밖으로 떠오른 잠수함뿐만 아니라 물속에 숨어있는 잠수함까지도 하늘에서 탐지할 수 있을 만큼 항공기를 이용한 대잠 초계활동영역이 더욱 넓어졌다. 특히, 고정익기에 비해 상대적으로 작은 대잠 헬기의 등장은 항공모함처럼 거대한 플랫폼이 아닌 보통 크기의 수상 전투함에서도 하늘을 통한 대잠 초계활동이 가능하게끔 만들어 주었다.

더불어 대잠미사일이나 공중투하어뢰 같은 정확한 대잠 타격능력의 발달로 인하여 잠수함에게 초계기는 더욱 위협적인 존재로 변했다. 이제 은밀히 숨어있는 잠수함이라도 하늘로부터의 공중초계에 포착된다면 곧바로 침몰로 연결될 수 있다. 더구나 지금도 잠항 중에 있는 잠수함이 하늘에 떠 있는 초계기의 존재를 알아내기는 쉽지 않아 수면 위에서 잠수함을 감시하는 수상함보다 초계기가 더욱 위험한 존재가 되었다.

잠수함도 핵추진이나 AIP 같은 여러 가지 기술의 발달에 힘입어 보다 은밀한 작전활동이 가능하게 되었지만, 공중초계에 탐지되지 않기 위해서는 예전보다 더욱 조심스럽게 임무활동을 할 수밖에 없다. 결국 처음 하늘에서 잠수함을 감시하기 시작한 이후 많은 시일이 지났지만 쫓는 대잠기와 쫓기는 잠수함의 위치는 바뀌지 않았다.

아직까지도 물속의 잠수함이 하늘에 떠있는 항공기를 공격할만한 마땅한 공격체계가 부족한 점도 이유 중 하나이다. 물론 잠대공 요격미사일이 연구 단계에 있어 가까운 시일 내 실용화도 예상되지만, 아마도 이런 상황에서 쫓고 숨어 다니는 줄다리기는 앞으로도 상당 기간 계속되리라 생각한다.

물속에 있는 잠수함을 찾아내는 것은 아직도 어려운 임무이다. 한 도둑을 열 포졸이 막아내기 힘들다는 말이 있듯이, 아직까지도 숨어 다니는 잠수함이 이를 찾아다니는 세력보다 훨씬 유리한 점은 부인할 수 없다. 수많은 해군 강국이 수상함과 더불어 핵탄두를 발사할 수 있는 전략 플랫폼으로써 막강한 잠수함부대를 거느리고 있는 것만 보아도 잠수함이 가진 고유의 은밀성을 여실히 알 수 있다.

우리나라의 경우 아직도 많은 북한 잠수함 세력의 위협에 대처해야 하며, 또한 주변국 잠수함들의 천연 이동로라고 불리는 동해를 비롯한 인근 해역의 초계활동을 강화하기 위해서 해군의 대잠 초계능력을 좀 더 증대할 필요가 있다. 특히 천안함 사태에서 알 수 있듯이 그동안 얕은 바다로 취급하던 서해 또한 결코 잠수함의 위협으로부터 안전할 수 없다.

현재 영해를 초계하기 위해 우리 해군은 23기의 링스Lynx Mk.99, 슈

현재 사용 중인 우리 군도 운용중인 P-3는 그 우수성이 입증된 대잠 초계기이다. 사진은 림팩 2006 당시 참가국 P-3와 함께 주기된 대한민국 해군의 P-3C. 〈US Navy〉

함정에 탑재하여 운용할 수 있는 링스 대잠 초계헬기. 한국 해군도 보유 중이다. 〈CC BY-SA / Heb at Wikimedia Commons〉

퍼링스^{Super Lynx} Mk.99A 대잠 헬기와 16기의 P-3C, P-3CK 대잠 초계기를 운영하고 있다. 이들 기종은 현재 여러 나라의 주력 대잠 초계기로 널리 사용될 만큼 훌륭한 성능을 자랑한다. 특히 중고 P-3B를 도입하여 국내에서 대대적으로 개수하여 제식화한 P-3CK는 부족하던 대잠 초계능력을 대폭 증가시켰다.

이러한 체계적인 장비의 도입과 운용으로 우리 군의 해상초계능력은 꾸준히 증가했지만, 아쉽게도 아직까지 우리의 생명선인 주변 수역을 24시간 쉬지 않고 완벽하게 감시하는데 충분하지는 못한 것으로 평가되고 있다. 장기적으로 해군항공대의 전력 확충에 노력을 아끼지 말아야 할 것이다. 우리 해군은 삼면이 바다인 영해를 방어하는 것은 물론 청해부대처럼 우리의 국익을 지키기 위해 원양에서도 작전을 펼치는 시대가 되었기 때문이다.

chapter 7

왜곡된 전설

◆◆◆

적의 평가 ─────────

우리나라의 상업 광고에는 "세계 유일의", "세계 최고의", "경쟁 대상이 없는"처럼 객관적 증거가 부족하고 내용이 과장된 표현을 쓸 수 없도록 법제화되어 있다. 하지만 무기 분야에서는, 특히 훌륭한 무기를 설명한 각종 언론 기사나 커뮤니티 사이트에서는 위와 같은 문구가 자주 눈에 띈다.

　무기 중에는 실제 능력보다 선전 매체들에 의해 최고의 무기로 자리

스핏파이어를 추격하는 Bf-109의 극적인 모습. 이 둘은 당대 최고를 다투었던 라이벌 전투기였는데 독일과 영국의 조종사들도 상대방 전투기의 우수성을 인정했다. 〈Rickard, J (15 May 2007), Messerschmitt Bf 109 attacks a Spitfire, http://www.historyofwar.org/Pictures/pictures_bf109_attacks_spitfire.html〉

잡은 것들이 의외로 많다. 교전 상대국이나 경쟁국들에 비해 자국의 무기가 실제보다 훌륭하다고 과장함으로써 적에게는 위압감을 주고 반대로 아군의 사기를 올리기 위해서다. 그러므로 선전 문구대로 무조건 최고라고 단정 지을 수는 없다. 무기도 후대에 이르러서야 객관적이고 올바른 평가를 할 수 있다. 전쟁 당시나 출현 당시 혹은 사용 중에 나온 평가는 왜곡된 측면이 있을 수도 있기 때문이다.

Bf-109나 스핏파이어 같은 걸작들이 불후의 명작으로 여겨지는 이유는 칼을 섞은 상대도 훌륭한 무기라고 인정했을 만큼 그 능력이나 전과가 훌륭했기 때문이다. 고수는 상대를 먼저 알아본다는 말이 있을 정도로 Bf-109나 스핏파이어 또는 F-86과 MiG-15의 파일럿들은 상대를 높이 평가하는데 결코 인색하지 않았다.

지지부진한 전과를 질타하던 괴링에게 "우리에게 스핏파이어를 주십시오"라는 역설적인 주장으로 항변한 갈란트^{Adolf Galland}나 MiG-15를 테스트해본 후 "F-86과 맞먹고 일부 성능은 더 뛰어난 훌륭한 전투기"라고 칭찬을 아끼지 않았던 이거^{Charles Yeager}의 예를 볼 때, 결국 선전보다는 진정한 평가를 상대로부터 받았을 때 최고의 무기로 손꼽힐 수 있는 것이다.

그런데 등장 당시부터 왜곡된 정보로 인하여 최강으로 불렸고 현재까지도 그렇게 관념적으로 뛰어나다고 여기는 무기가 있다. 바로 일본 해군 함상 전투기였던 A6M 제로(이하 제로기)이다. 제로기만큼 성능 이상으로 과장된 평가를 받은 전투기도 없다. 그동안 막연히 '그렇겠거니' 했다고 보는 것이 보다 정확하다. 앞으로 소개할 내용은 한 시대를 지배한 강자로 여겨지고 있지만 과연 그랬는지 의문의 여지가 많은 제로기에 대한 이야기이다.

서구의 편견과 일본의 팽창 ─────

일본은 1905년 러일전쟁에서 승리하며 제국주의 클럽에 가입한 후 한국, 만주, 내몽골을 거쳐 중국 내륙으로 서서히 그 침략 지역을 넓혀가고 있었다. 하지만 기존 서구의 열강들은 일본을 얕잡아보고 있었는데, 가장 큰 이유는 서구 문명 우월주의와 동양인은 저열하다고 인식하는 인종주의적 편견이었다.

비록 일본이 메이지유신 이후 서양 문물을 적극 받아들여 급속히 국력을 발전시키고 있었으나 영국, 프랑스, 미국과 같은 서구는 내심으론 하룻강아지가 낙후한 극동에서 골목대장 노릇을 하려는 것 정도로만 생각했을 뿐이다. 1940년대 이전까지 일본의 산업 능력이나 기술 수준은 오늘날처럼 세계를 선도하는 수준이 아니었기 때문이다.

하지만 군국주의 정책을 펼치며 대외 팽창을 노리던 일본은 이러한 무관심과 편견의 틈새를 이용하여 나름대로 군비 확충에 열을 올렸다. 섬나라인 특성을 살려 강력한 해군력 확충에 박차를 가한 결과 1940년대 초 일본은 미국, 영국과 더불어 세계 최강의 해군력을 보유한 국가가 되었다.

더욱이 전 세계 식민지 경영을 위해서 해군력을 분산 배치한 영국이나 대서양을 중시하는 정책을 펼치던 미국과 비교했을 때 태평양에서 일본 해군력을 능가할 나라는 없었다. 이러한 일본 해군이 해군사에 선도적인 업적을 남긴 것이 있는데 바로 항공모함의 운용과 관련한 것이다. 1922년 호쇼鳳翔가 취역하면서 일본은 기존 군함을 개조하는 형식이 아닌 처음부터 신규 항공모함을 설계·제작하여 운용한 최초의 나라가 되었다.

또한 별도의 항모함대를 편성하여 원거리 전략타격 방법을 연구하고

세계 최초로 처음부터 항공모함으로 설계되어 제작된 호쇼. 이처럼 일본은 항공모함의 제작과 운용에 있어 선도적인 역할을 담당했다.

실전에 응용하기도 했다. 항공모함을 단지 전함 위주로 구성된 함대의 보조전력 정도로만 생각하던 미국이나 영국과는 엄청난 차이였다. 이는 태평양전쟁 초기 일본 승리의 원동력이 되기도 했다. 이렇듯 항공모함 의 효용성을 높이 평가하고 있던 일본은 당연히 여기에 탑재할 함재기 에도 지대한 관심을 가졌다.

일본 해군의 득세

함재기는 지상에서 운용하는 항공기와 달리 제약이 많다. 순간적인 이 함이 가능케 하는 강력한 엔진, 착함시의 충격을 흡수할 튼튼한 강착장 치, 공간을 최대한 적게 차지하는 구조, 중량이 작고 바닷물이나 해풍에

함재기는 좁은 항공모함에서 운용할 수 있도록 제약 조건이 많다. 때문에 육상 발진 동급 전투기에 비해 성능이 앞서기는 힘들다. 〈US Navy〉

부식되지 않는 재질로 만든 기체 등이 필요하다.

　이와 같은 조건을 전제하고 제작되므로 비행능력이나 무장 탑재 등이 축소될 수밖에 없었고 당연히 함재기의 성능은 육상 이착륙 작전기에 비해 떨어졌다. 이 점은 항공모함을 해상 발진 공격용 플랫폼으로 최초 구상한 1930년대 일본도 마찬가지였다.

　하지만 일본에게 하나의 강점이 있었는데, 그 어느 나라보다 실전 경험이 풍부하다는 점이었다. 일본은 제1차 세계대전 종전 후 제2차 세계대전 이전까지의 이른바 '전간기Inter War'라고 불리는 기간에도 쉼 없는 도발과 침략을 자행하여 축적된 경험과 자료가 풍부했다.

　내몽골 깊숙한 곳에서 소련과 국지적인 충돌을 벌인 일본 육군은 새로운 형태의 전술 부재와 기술력이 미흡한 구조적인 장비의 열세 때문

일본 해군은 중일전쟁을 통해 자만심이 생겼고 이 때문에 남방진출을 선도하면서 태평양전쟁이 벌어졌다. 중일전쟁 당시인 1937년 중국 연해에서 작전을 벌이는 항공모함 카가(加賀)와 함재기.

에 예상외로 큰 피해를 입었다. 반면 중국 연안을 따라 침공하는 지상군의 후원 전력이 되었던 해군은 압도적인 전력으로 중국의 해상을 봉쇄하고 항공모함을 이용한 공격작전을 성공적으로 수행했다.

계속 승리를 이끌어 온 일본 해군은 서서히 자만하게 되었다. 결국 상대적으로 몸을 사린 육군보다 해군 강경파에 의해 북방이 아닌 남방으로 일본의 진공이 시작되면서 태평양전쟁이 발발했다. 팽창을 적극적으로 추진하던 제국주의 일본의 결정에는 이순신 장군에게 참패를 당한 이후 400년간 무적으로 군림하던 해군력에 대한 자만심도 이처럼 크게 작용했다.

제로기의 신화 ─────────

1941년 12월 진주만 공격이 있은 후 일본은 기다렸다는 듯이 동남아로 밀물처럼 밀려들어갔고 그 선봉을 해군이 담당했는데 그중에서도 주역은 항모함대였다. 이때부터 항상 하늘에서 적기를 사전에 요격하고 일본 함대를 철통 경호했던 하얀색 전투기가 등장했는데 그것이 바로 '제로'라고 불리던 A6M 전투기였다.

이들과 상대한 미군들은 경악을 금치 못했다. 그동안 자기들보다 한참 밑으로 보고 있던 일본이 만들어낸 전투기를 속도에서나 기동력에서나 도저히 상대할 수 없었던 것이다. 하늘에서 제로기를 대면한 연합군 조종사들은 두려움과 공포심을 가질 수밖에 없었다. 재수 좋게 꼬리를 물었어도 빠른 속도로 빠져 나가 자신의 배후로 치고 들어오는 제로기에 의해서 속절없이 격추당하기 일쑤였다. 흔히 '미트볼의 저주'라고 불리던 제로기의 신화가 시작된 것이다.

태평양전쟁 초기에 미국은 자신들이 보유하고 있던 전투기를 앞선 일본 해군의 A6M 제로 전투기에 대해 경악을 금치 못했다. 〈GNU Free Documentation License / Kogo at ko.wikipedia.org〉

제로기 등장 전인 1936년 일본 해군은 A5M 함상 전투기를 개발하여 1,000기가량 운용했는데, 고정식 강착장치를 가진 구시대적 디자인이었지만 기동성만큼은 제로기보다 우위에 있다는 평가를 받았다. 중국 전선에서 좋은 결과를 얻었지만 장차 남방 진공을 염두에 두었을 때 A5M으로 미군기와 맞상대하기에는 부족하다고 생각한 일본 해군은 차세대 전투기 개발에 나섰는데 이때 요구한 조건은 상당히 까다로웠다. A5M 정도의 기동력에 시속 500km 정도의 최고속도, 10분 내 2만 피트 상승의 급상승능력, 장거리 항속능력 및 조종이 용이해야 한다는 조건이었다.

1939년 미쓰비시 공업의 엔지니어였던 호리코시 지로堀越二郎는 이런 까다로운 조건을 충족할 전투기 개발에 성공했는데 그것이 바로 A6M

제로기를 만든 호리코시 지로의 청년 시절 모습. 그는 과도한 일본 군 당국의 요구를 맞추기 위해 전투기의 안전과 관련한 부분을 삭제해야 했다.

제로 전투기이다. 그런데 당시 일본의 기술 수준으로는 요구 조건을 완벽히 충족하는 것은 어려웠기에, 그는 조종사 보호를 위한 최소한의 안전장치인 장갑판처럼 일부 기능을 과감히 삭제하는 식으로 기체를 경량화하면서 다른 요구조건을 충족시켰다.

사실 엔지니어는 그러고 싶지 않았는데 군부는 싸움만 잘하는 무기를 원했던 것이다. 어쨌든 일본 군부를 대만족시킨 제로기는 중국 전선에 투입되어 실전 경험을 쌓았는데, 이때 많은 정보가 미국으로 흘러들어갔다. 그런데 일본의 기술력을 깔보던 미국은 이를 무시했고, 그로 인한 참담한 결과는 1941년에 나타난다.

과연 전설이었나?

그런데 이렇게 찬란하게 등장한 제로기는 불과 6개월 밖에 되지 않아 최고의 자리에서 물러났다. 제2차 세계대전 당시 각국의 진검이었던

제로기는 많은 이들을 경악시켰지만 정작 최고의 자리를 차지하던 것은 전쟁 개시 후 6개월 동안에 불과했다. 사진은 1941년 진주만 공격 당시 항공모함 쇼카쿠에서 출격하는 A6M. 〈US Navy〉

Bf-109, 스핏파이어, P-51 등이 전쟁 말기까지 계속 업그레이드되면서 하늘의 왕자임을 자부한 데 비한다면 제로기의 퇴장은 너무나 빨랐다.

제로기도 계속적인 성능 향상을 꾀했지만 전쟁 후반기에 등장한 F6F나 F4U에 확연히 밀리기 시작하여 태평양의 제왕으로 계속 남아 있을 수 없었다. 그렇다면 결론적으로 불과 6개월간의 전과만 가지고 제로기가 지금까지 최고 성능의 전투기로 자리매김하고 있는 것은, 데뷔가 뇌리에 남을 정도로 인상적이었고 이를 두고두고 자랑으로 삼는 일본인들의 선전 때문에 그런 것이라 할 수 있다.

물론 전쟁 초기에 있었던 제로기의 성과를 깡그리 무시할 수는 없다. 하지만 여기에 또 하나 염두에 두어야 하는 것이 있다. 그것은 태평양전

전쟁 초기 제로기의 맞상대였던 미 해군의 F4F. 당시 국방전략상 미국의 전투기들은 유럽 열강의 전투기에 비해 성능이 뛰어나지 않았다. 〈US Navy〉

쟁을 거시적으로 보았을 때 사실 미국과 일본만의 대결이었다는 점이다. 전쟁 내내 제로기가 상대한 대부분의 카운터파트너는 당연히 미국의 전투기들이었는데 엄밀히 말해 제로기 등장 당시 미국은 전투기 분야에 있어 강국이 아니었다.

대서양과 태평양으로 인하여 외부와 동떨어진 미국은 폭격기에 중점을 두고, 자국 영공을 방어하는 전투기의 개발에는 상대적으로 소홀할 수밖에 없었다. 유럽의 선진국들이 Bf-109나 스핏파이어라는 보배들을 가지고 있던 데 반하여 동시대에 미국은 육군항공대가 P-40, 해군항공대가 F4F를 주력으로 삼고 있었다. 이들은 복엽기에서 단엽기를 넘어가던 과도기에 제작된 물건들이라서 성능이 뒤졌다.

P-40은 유럽에서 전쟁 발발 후 미국으로 무기를 구매하러 온 영국사절단도 만족시키지 못했고, 막 개발된 P-51 또한 초기에는 고공에서의

전투력에 많은 문제가 있었다. 그에 비해 제로기는 최신의 전투기였다. 영화 〈도라 도라 도라〉(1970년)에서 제로 전투기를 몰고 항공모함 아카기赤城에 착함한 함대 작전참모 겐다 미노루源田實를 친구인 항공대장 후지타 미쓰오淵田美津雄가 맞이하면서 제로기에 대해 이야기를 나눈다.

후지타: "이것이 바로 0식 전투기(제로기)란 말인가?"
겐다: "그렇다네! 메서슈미트나 스핏파이어보다 좋은 전투기라네."

여기서 알 수 있듯이 일본 또한 같은 시기에 등장한 Bf-109나 스핏파이어를 비교 대상으로 삼았을 뿐, 장차 전쟁을 벌여야 할 미국의 전투기는 굳이 비교할 가치도 없는 것으로 보고 있었다.

그런데 일본 스스로는 제로기를 Bf-109나 스핏파이어 수준에 올려

미 육군의 P-38은 태평양 전선과 유럽 전선에서 동시 참전한 전투기다. 제로기에 대해서는 저승사자 노릇을 했지만 독일 전투기들에게는 열세를 면하지 못했다. 이를 통해 간접적으로 제로기의 능력을 가늠할 수 있다. 〈US Air Force〉

놓았지만 사실 객관적으로는 이들과 비교하여 열세였다. 그 증거로 미국 전투기로 태평양전선과 유럽전선에 동시에 참전한 전투기가 P-38인데 태평양에서는 제로기에 월등한 전적을 보였지만 유럽전선에서는 단지 그저 그런 보통의 전투기였을 뿐이다.

신화의 내막 ————

침략을 일삼아 온 일본에는 산전수전 다 겪은 베테랑 조종사들이 많았다. 그에 비하여 태평성대를 구가하던 미군 조종사들은 훈련 이외에 별다른 경험이 없었기 때문에, 그들이 최초 교전에서 밀렸던 사실은 어쩌면 너무 당연한 현상이었다. 1942년 6월 미드웨이 해전에서 많은 일본

흰색 동체에 큼지막하게 그려진 일장기 때문에 흔히 제로기를 '미트볼의 저주'라고 부르며 공포스러워 했다.
⟨CC BY / Kevin Collins⟩

의 고참 조종사들이 일거에 스러진 후 공대공전투에서 일본의 전과가 두드러지게 나타나지 않았던 것만 보아도 충분히 유추할 수 있다.

앞에서 F4F나 P-40이 제로기에 비해서 저성능의 전투기였다고 설명했지만 전투기의 성능에 더해 미국 조종사들의 모자란 경험과 적절한 전술마저 개발되지 않았던데 힘입어 1941년부터 시작된 전쟁 초기에 미국은 고전을 면치 못했고, 바로 이 시기의 전과 때문에 제로기가 전설로 남은 것뿐이다.

비록 F4F라 해도 타치위브Thach Weave 전술로 성능 차이를 극복하여 제로기와 맞설 수 있었고, 중국에서 플라잉타이거Flying Tiger로 널리 알려진 의용항공대가 P-40을 가지고도 일본 전투기와 맞서 좋은 전과를 보였다는 점도 이러한 사실을 뒷받침한다. 다시 말해 미국도 실전 경험이 쌓이자 능히 하늘에서 제로기와 맞설 수 있게 되었다.

여기에 더해 일본과 미국의 기술 격차가 신무기 경쟁에서 나타났는데 미국의 경우 해군의 F6F, F4U 육군의 P-47, P-51 같이 뛰어난 전투기들이 짧은 시간 내 속속 개발된 반면 일본은 계속 그 자리에 머물렀다. 더구나 미국의 무지막지한 생산능력은 양적인 격차까지 순식간 벌렸다. 결국 1942년 6월을 고비로 제로기는 지나간 신화가 되었고 속속 등장한 최신의 미군 전투기와 경험 많은 조종사들에게 쫓겨 다녔다.

일본이 종전 시까지 1만 여 기의 제로기를 생산했다는 점은 그들이 그렇게 같은 취급을 받기를 원했던 독일의 Bf-109나 영국의 스핏파이어 같은 베스트셀러가 되었다는 의미라기보다는, 미국처럼 후속 대체기를 생산할 만한 기술적 기반이 없던 일본이 오로지 제로기에만 매달렸다는 이야기이다. 즉, 일본에는 제로기 외에 대안이 없었다.

그런데 Bf-109나 스핏파이어의 경우는 계속적인 업그레이드로 꾸준히 성능을 향상하여 종전 때까지 하늘의 주역으로 계속 자리를 잡았지

얼마 지나지 않아 제로기의 신화는 막을 내렸는데 의외로 전쟁 초기의 성과 때문에 전과가 너무 확대·왜곡되어 오랫동안 전해지고 있다. 사진은 미 해군의 에이스였던 매캠벨(McCampbell)의 애기에 기록된 킬마크. 대부분의 희생양이 제로기였다.

만 애당초 많은 부분을 생략한 채 만들어진 제로기의 경우는 업그레이드로 성능을 향상시키는 것이 불가능했다.

그런데도 개전 초 단 6개월의 전과만 보고 신화의 대열에 올려놓는 것은 뭔가 잘못된 것이라 할 수 있다. 결국 제로기의 신화는 과대평가되어 알려진 왜곡된 전설일 뿐이다.

하지만 그보다 중요한 것은 우리가 세계정세를 모르고 우왕좌왕하다가 식민지로 전락하여 핍박을 받을 때, 그들은 이미 최강의 함대를 보유하고 자체 기술로 만든 함재기를 가지고 열강을 상대로 전쟁을 벌였다는 점이다. 그리고 그러한 독도에 대한 집요한 도발 의지에서 알 수 있듯이 일본의 침략욕은 그때나 지금이나 변한 것이 없다.

chapter 8

해군항공대의 무서운 주먹

◆◆◆

폭격기가 아닌 폭격기 ─────

제2차 세계대전 당시에는 대개 임무별로 별도의 전술 작전기가 제작되었다. 그런데 최근에 개발되었거나 개발 중인 대부분의 전술기들은 이전처럼 단일 목적용보다는 여러 임무에 투입하는 것을 목적으로 한다. 특히 공대공전투와 공대지공격임무를 함께 수행할 수 있도록 제작하는 것이 대세가 되었다. 그런 이유로는 냉전시대의 종식에 따른 군비축소, 기술의 발전으로 인한 전술기의 고성능화 등을 들 수 있다.

오늘날 폭격기Bomber를 별도로 운용하는 나라라고 해봐야 미국, 러시아 등을 손꼽을 정도이지만 이들 국가의 폭격기는 전략폭격을 위한 용도로 개발되어 운용되고 있으며 대부분 국가의 지상폭격임무는 전술기들이 담당하고 있다. 물론 B-52, B-1나 B-2 같은 중重폭격기들이 전술폭격에도 사용될 수는 있고, 실제로 그런 목적에 투입된 경우도 있었지만 적어도 그것이 그들의 탄생 목적은 아니다.

이렇듯 전술군용기의 통합화 추세에 발맞춰 서서히 그 운명을 고하는 부류의 군용기가 있는데 바로 공격기Attacker이다. A-10처럼 CAS(근접항공지원)를 위해 공군에서 운용하는 경우도 있지만 대부분의 공격기는 미 해군/해병대에서 운용하는 전술폭격기를 의미한다.

별도로 항공전력을 운용한 미 공군(전신 육군항공대 포함)과 미 해군/해병항공대 간의 라이벌 구도는 많이 알려진 바이다. 특히 그들이 불세출의 경쟁을 벌였던 분야는 제공 전투기였다. 이에 비해 폭격 분야는 공군이 중폭격기를 이용한 장거리 폭격을, 해군은 대함 공격이나 해변 인근의 적 거점을 주 공격 대상으로 삼아서 묵시적인 불간섭 관계였다.

하지만 제2차 세계대전을 거치면서 효과적인 해상항공기지임이 입증된 항공모함의 전략적 유연성, 함재기의 성능 향상과 장거리 미사일의 발달은 이러한 개념에 상당한 변화를 가져오게 되었다. 비록 전략폭격 분야는 이전처럼 거대한 폭격기를 운용하는 미 공군이 담당하지만 제한적인 전술폭격에 있어서는 공군기나 해군기의 능력이 크게 차이가 나지 않게 되었기 때문이다.

이런 환경 변화에 맞추어 미 해군은 형식상 폭격기가 아니지만 지상공격을 위한 별도의 전술기를 운용하게 되었는데, 이것을 공격기라고 통칭했다. 다시 말해 공격기는 해군의 폭격기를 의미하는 것인데, 특히 제트 시대의 도래와 발맞추어 등장한 일부 공격기들은 제2차 세계대전 당시 공군이 운용하던 중폭격기와 맞먹는 폭장량을 자랑할 정도로 성능이 발달했다.

제2차 세계대전 당시 태평양전역에서 활약한 미 육군항공대의 B-29 폭격기와 미 해군항공대의 SDB 공격기. 기체의 크기만큼 능력의 차이로 말미암아 각각 다른 목적에 사용되었고 서로 경쟁할 일도 없었다. 〈왼쪽: US Air Force, 오른쪽: US Navy〉

앞으로 설명할 A-4처럼 미국 외 여러 나라에서 공군기로도 사용된 베스트셀러도 있지만 보통 함재기로서 공격기들은 공군이 보유한 거대 폭격기와 지상타격용 전술기의 일부 특징을 모두 갖추었으면서도 또 다른 면에서는 해군/해병대용에 적합하도록 차이를 보이며 발전하여왔다. 다음은 폭격기이면서도 폭격기가 아닌, 공격기라는 이름으로 불린 미 해군/해병대의 전술기들에 관한 이야기이다.

전쟁에서 얻은 경험 ─────────

1941년 12월 7일 일본의 진주만 공격은 함재기는 물론 항공모함의 패러다임까지 일거에 바꾼 전환점이었다. 흔히 제2차 세계대전 당시 일본의 군용기라고 한다면 A6M, 이른바 제로기를 떠올리는 사람들이 많지만 제로는 제공 전투기였고 진주만의 놀라운 전과를 올린 주역은 B5N 97식 함상공격기와 D3A 급강하폭격기였다.

주로 어뢰를 장착하여 뇌격기 형태로 운용된 B5N과 달리 D3A는 독일의 Ju-87 슈투카처럼 급강하를 통한 정확한 타격능력을 갖추고 많은 미 군함 및 지상 시설물에 대한 폭격을 실시하여 항공모함 탑재 공격기의 효과를 만천하에 입증했다. 당시 진주만에서 피해를 입은 군함들 대부분이 정박한 상태라서 D3A 입장에서는 마치 고정된 지상의 목표물을 공격하는 것과 같았다.

이후 미국도 미드웨이 해전에서 승리의 결정타를 날린 SDB 던틀레스Dauntless 급강하폭격기와 같은 다양한 항공모함 탑재 폭격기를 유효 적절히 사용하여 대함 공격은 물론 이후 상륙전에서 지상 목표물을 공격하는 임무에 투입하여 많은 전과를 올렸다. 하지만 이때까지만 해도 공군(육군항공대)이 운용하던 중폭격기에 비한다면 이들 공격기들의 대지 타격 효과는 제한될 수밖에 없었다.

그 이유는 함재기가 가질 수밖에 없었던 태생적 한계 때문이었다. 배에 탑재하는 비행기는 그 크기나 성능이 공군기에 비해 제약이 많을 수밖에 없다. 따라서 함재기들은 일단 폭장량이 적었고 작전반경도 상대적으로 작을 수밖에 없다. 전쟁 도중 항공모함에서 이함한 최대 크기의 군용기로 기록된 미 육군의 B-25 경폭격기의 경우 2.7톤의 폭탄을 실을 수 있었던 데 반하여, 미 해병/해병대가 운용한 SDB는 700kg 폭탄 1발만 장착할 수 있었을 만큼 그 차이가 컸다.

따라서 미 해군/해병대가 주도하여 펼친 상륙작전에서 대부분의 화력 지원은 수상함의 함포가 담당했고 SDB는 보조전력으로 투입되거나 원거리 함대함전투에 투입될 수밖에 없었다. 거기에다가 제2차 세계대전이 끝나고 핵폭탄과 중폭격기를 이용한 장거리 폭격 전략이 향후 전

유럽 전역에서의 B-17(사진)과 태평양전역의 B-29 활약에 고무된 미국은 이후 전략폭격기에 핵폭탄을 장착한 폭격기 만능론을 맹신하게 되었다. 〈CC BY / IP.D at en.wikipedia.org〉

1942년 도쿄 공습 당시 항공모함 호넷에서 출격 준비를 하는 미 육군의 B-25. 이는 제2차 세계대전 중 항공모함에서 이함한 최대 규모의 비행체로 기록되었다. 〈US Navy〉

쟁에 있어 미국의 필승 카드로 제시되자 지상타격능력이 부족한 항공모함은 무용론까지 대두되었다.

왜냐하면 궁극적인 폭격 대상은 적진 내륙 깊숙이 있는 전략 거점이지, 외곽에 있는 함대나 섬들이 아니었기 때문이다. 따라서 미군 당국은 항공모함이 위험을 감수하고 적 가까이 다가가 소량의 폭탄을 떨어뜨리는 것보다 장거리 폭격기로 융단폭격을 하거나 핵폭탄을 던지는 것이 보다 효과적일 것이라 생각했고, 그런 점에 비추어 볼 때 제한된 전술적 효과만 낼 수 있던 항공모함 탑재 공격기의 필요성은 그리 커 보이지 않았다.

핵폭탄은 전쟁 억지력으로서 핵의 중요성을 높이기는 했지만 잔인하고도 무서울 정도의 파괴력 때문에 마구 사용할 수 있는 무기가 아님을 깨닫게 만들었다. 따라서 제한적이고 지협적인 폭격작전의 필요성이 오히려 증대했는데, 마침 이전에 비할 수 없는 강력한 힘을 낼 수 있는 제트기의 출현으로 말미암아 함재기로도 충분히 이러한 공격능력을 확보하게 되었다.

함재기들은 좁은 항공모함에서 운용하기 위해 크기나 구조에 제약을 많이 받는다. 그래서 육상 발진 항공기에 비해서 성능이 제한을 받는 경우가 많다. 〈US Navy〉

새 이름

A-26 인베이더Invader처럼 제2차 세계대전 이전에도 A 이니셜 제식부호를 쓰던 전술기들이 있었는데 이를 미 육군항공대에서도 이용했다. 미군은 원래 공군(육군항공대)과 해군/해병대가 별도의 제식번호 체계를 가지고 있었다. 오늘날 사용하는 체계와 비슷한 'A-숫자' 방식의 제식번호는 공군이 작은 규모의 폭격기를 의미하는 것으로 사용한 반면 해군/해병대는 'A-숫자-제작사코드' 방식이나 SDB나 TBF처럼 전혀 별개의 명칭을 사용했다.

이는 비단 공격기뿐만 아니라 모든 군용기에 해당하는 사항이었는데 이렇게 각 군별로 중구난방으로 갈린 제식번호는 1962년 당시 국방장관 맥나마라^{Robert McNamara}가 주도하여 마련한 군용기 제식번호 통일화 규칙에 따라 정리되었다. 이때부터 공군기, 해군기를 막론하고 통일된 제식번호로 군용기를 분류하기 시작하면서 기존에 있던 많은 군용기들의 제식번호도 함께 변경되었다.

예를 들어 해군에서 F4H, 공군에서 F-110이라는 다른 이름으로 불리던 전투기는 F-4 팬텀 II^{Phantom II}로 통일되었고 F4D 스카이레이^{Skyray}는 F-6로, F3D 스카이나이트^{Skyknight}는 F-10으로 바뀌었다.

그러면서 이전부터 모호했던 A(ttacker)와 B(omber)를 명확히 구분하여 사용하게 되었는데, A는 주로 전술 대지 공격기에 B는 장거리 폭격기에 이용하도록 했다. 때문에 공군의 대형 장거리 폭격기들은 이전처럼 B라는 제식번호를 이용했고 해군/해병항공대의 경우는 항공모함 탑재기의 특성상 A를 주로 이용하게 되었다.

공군에서도 F-105, F-4, F-16, F-15E처럼 타격능력이 있는 전폭기를 전술폭격용으로 이용하는 경우가 오히려 많아 A 이니셜 군용기를

미 공군에서 F-110 스펙터로 불렸으나 1962년 제식번호 통일화 이후 F-4 팬텀 II로 바뀌었다. 〈US Air Force〉

별도로 규정지어 애용하지는 않는 편이다. 때문에 1962년 이후부터 A 는 주로 해군에서 사용하는 공격기의 제식부호로 굳어졌다.

그런데 A라는 제식부호가 제2차 세계대전 당시에도 쓰이기는 했지만 이를 사용한 새로운 공격기들의 능력은 이전과 감히 비교할 수 없을 만큼 증대했다. 어느 정도냐면 새로운 제식번호가 붙은 대부분의 공격기들의 폭장량이 제2차 세계대전 당시에 사용된 공군의 폭격기들을 능가할 정도였다. 한마디로 폭격기와 맞먹는 능력을 지닌 괴물들이었다.

하늘의 돌격대 A-1 스카이레이더 ─────

1962년 새롭게 제식번호를 부여받아 자랑스럽게 공격기 목록의 제일 앞에 이름을 등재한 것은 더글러스^{Douglas}사의 A-1 스카이레이더^{Skyraider}이다. 이전 제식번호는 AD였는데 제2차 세계대전 종전 후 개발이 완료되어 참전하지는 못했다. 신 제식번호에 의한 유일한 단발 프로펠러 함재기임에도 3.6톤의 폭장량을 가졌는데, 이것은 단거리 폭격임무에 투입될 경우의 B-17과 같은 수준이었다.

더구나 최대 2,000킬로미터의 항속거리를 자랑하며 예전 중폭격기들이 담당했던 임무까지도 너끈히 수행할 수 있는 걸작이었다. 제2차 세계대전 후 제트 시대가 도래했음에도 미 해군이 1960년대 말까지 항공모함용 공격기로 제식화하여 사용했을 정도로 A-1의 평판은 좋았다.

6·25전쟁과 베트남전쟁에 해군의 주력 공격기로 대지공격임무에 적극 투입되어 많은 전과를 올렸다. 특히 베트남전쟁에서 MiG-17을 공대공전투로 격추하는 황당한 사건을 기록했을 만큼 맷집과 기동력도 탁월했으나 제트기가 아닌 태생적인 한계로 말미암아 속도가 느려 서

A-1 스카이레이더는 항공모함 탑재용 공격기로 분류되었음에도 최대 폭장량이 B-17과 맞먹는 수준이었다. 〈US Navy〉

서히 그 후계자들에게 자리를 물려주었다.

그리고 제트 시대에 들어와 무기사에 길이 남을만한 항공모함 탑재용 명품 공격기들이 연이어 등장하여 그 명성을 널리 떨쳤다. 제식화된 순서대로 A-4, A-7, A-6가 바로 그 주인공들이다.

작지만 강한 A-4 스카이호크 ─────

예전 제식번호가 A4D였던 A-4 스카이호크^{Skyhawk}는 A-1을 제작했던 더글러스사가 제트 시대를 맞이하여 전작 A-1의 대체용 기종으로 심혈을 기울여 제작한 공격기였는데, 항공모함 탑재용 공격기로는 보기 드물게 무려 3,000여 기가 제작된 베스트셀러였다. 1956년부터 미 해군

A-4 스카이호크는 작은 기체임에도 불구하고 뛰어난 성능을 자랑하던 공격기로 미국 외 여러 나라의 주력기로 활약했다. 〈US Navy〉

과 해병대에 납품되어 본격적으로 제식화되었고 이후 동맹국의 해군 및 공군에도 많은 수가 공급되었다.

 작은 기체임에도 불구하고 최대 4.5톤의 폭장량을 자랑하고 최대 3,000킬로미터의 장거리 비행이 가능했다. 더구나 기동력이 좋아 공대공전투에도 효과적으로 사용했는데 영화 〈탑건Top Gun〉에서 보듯이 미 해군에서 공대공전투 훈련용 가상 적기로 사용할 정도였다. 베트남전쟁, 중동전쟁, 포클랜드전쟁에서 많은 활약을 했고, 현재에도 일부 국가의 주력기로 활동 중이다.

A-7 코르세어 II는 무장탑재량이 많고 첨단 전자장비를 갖추고 있어 다양한 임무에 투입이 가능하여 미 해군은 물론 공군에서도 애용했다. 〈US Navy〉

무서운 해적 A-7 코르세어 II ──────

아마 무기에 관해서 미국만큼 욕심이 많은 나라는 없을 것 같다. 앞에 설명한 A-4도 뛰어난 공격기였지만 미 해군은 여기에 만족하지 않고 A-4를 제식화한 지 불과 10년도 되지 않은 1964년, A-4의 탑재 능력과 작전반경을 능가하는 새로운 항공모함 탑재용 공격기를 도입했다.

이는 F-4B 팬텀 II의 등장에 따라 항공모함용 제공전투기에서 2선으로 막 물러나기 시작한 F8U 크루세이더Crusader를 베이스로 제작된 공격기였는데, 미 해군은 제작사 보우트Vought사의 명품으로 제2차 세계대전과 6·25전쟁에서 맹활약한 F4U의 이름을 승계하여 A-7 코르세어 II Corsair II라고 명명하여 제식화했다. 비록 F-4B에는 이르지 못했지만 폭장량만 해도 6.8톤에 이르고 최대 4,000킬로미터를 비행할 수 있었다.

미 해군은 F-4B를 제공기 용도로, A-7를 항공모함 탑재용 공격기로 사용했다. 베트남전쟁에서 A-7은 전술 타격에 상당히 효과적인 공격기임이 입증되어 미 공군은 물론 여타 국가에서도 이를 주력기로 채택했다.

공포의 습격자 A-6 인트루더 ————

A-6 인트루더Intruder는 미 해군의 중重형 공격기인 A-3, A-5은 물론이거니와 구식의 A-1 및 상대적으로 경공격기였던 A-4, A-7 등으로 나뉘어져서 그 만큼 항공모함에서 운용하기에 너무 종류가 많았던 미 해군의 모든 공격기를 하나의 기종으로 대체할 목적으로 1950년대 말부터 제작에 나선 복좌형 공격기다.

1962년부터 제식화되었고 1997년까지 계속적인 개량을 거치면서 오로지 미 해군/해병대만을 위해서 임무를 수행했다. 어설프게 생긴 모습과는 달리 5,200킬로미터를 저공 침투하여 적의 종심을 정밀 타격할 수 있고, 무려 8톤의 폭장량을 자랑했다. 최초의 전략폭격기 B-29의 폭장량이 9톤이었으니 얼마나 많은 양인지 짐작할 수 있다.

A-6는 베트남전쟁은 물론 1991년 제1차 걸프전쟁까지 미 해군이 참전한 모든 전쟁에서 맹활약했다. 뒤를 이어 미 해군이 공격기로 채택한 F/A-18 시리즈도 감히 흉내를 못 낼만큼의 폭장량과 항속거리를 자랑하는 희대의 걸작이다. 때문에 일선에서도 퇴역을 아쉬워했으며 현재 미군이 차후를 대비하여 치장물자로 보관 중일만큼, 공격기의 최고 명품이라 해도 무리가 없다.

핵 만능주의 시대의 사생아들 ———

제2차 세계대전이 끝나고 냉전시대가 본격적으로 시작된 1950년대는 핵 만능주의가 만연했다. 이러한 핵 무적론 환상에서 가장 앞서나간 선두 주자가 미 공군이었다. 왜냐하면 당시까지만 해도 핵을 투발할 수 있는 수단이 미 공군이 운용하던 장거리 폭격기밖에 없었기 때문이다. 따라서 유일하게 실전에 핵폭탄을 투하했던 B-29는 물론이거니와 1950년대 미국이 보유했던 B-36, B-47 등의 장거리 중폭격기들은 절대적인 전쟁의 신으로 자리 잡고 있었다.

　그런데 이러한 장거리 폭격기에 의한 핵 만능주의는 한편으로 미 공

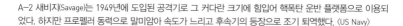

A-2 새비지(Savage)는 1949년에 도입된 공격기로 그 커다란 크기에 힘입어 핵폭탄 운반 플랫폼으로 이용되었다. 하지만 프로펠러 동력으로 말미암아 속도가 느리고 후속기의 등장으로 조기 퇴역했다. 〈US Navy〉

군의 라이벌인 미 해군항공대에게는 위기로 다가왔다. 미군이 참전한 전쟁은 예외 없이 바다 건너의 적들을 대상으로 했다. 따라서 미 해군이 미군 전체에서 차지하는 비중이 당연히 클 수밖에 없었다. 하지만 적을 한방에 보낼 수 있는 핵과 장거리 폭격기의 대두는 항공모함 무용론까지 공개적으로 거론될 만큼 미 해군에게는 위기로 다가왔다.

결국 미 해군은 자신들에게도 핵 투발 능력이 있음을 보여주고 싶었다. 방법은 핵폭탄을 운반할 수 있는 대형 공격기를 항공모함에 탑재하여 운용하면 될 것으로 판단했고, 당시까지 장거리 폭격기 외에 별다른 핵 투발수단이 없던 미 정책 당국도 수단의 다양화가 나쁘지는 않다고 판단하여 실행에 옮겼다.

이때 등장한 핵폭탄 탑재가 가능한 공격기들로 A-2 새비지Savage, A-3

A-3 스카이워리어는 장거리 침투가 가능한 공격기로 핵폭탄 운용이 가능했다. 〈US Navy〉

엄청난 폭장량과 장거리 침투능력이 뛰어난 A-6 인트루더는 미 해군 조종사들이
퇴역을 아쉬워했을 만큼 오랫동안 활약한 최고의 공격기였다.

스카이워리어Skywarrior, A-5 비질란트Vigilante 등이 있다. 공격기를 빙자한 전략핵폭격기라고 표현할 만한 무서운 공격기들이었는데 이로써 미 해군은 공군과 맞먹는 핵전력을 운용할 수 있게 되었다. 더구나 항공모함은 이동이 자유로워 공군에 비해서 상대적으로 전략적 유용성이 높은 장점도 있었다.

그런데 이들 대형 공격기들은 이처럼 최초에는 핵 투발을 목적으로 야심만만하게 배치되었으나 얼마 지나지 않아 퇴역하거나 정찰, 공중급유, 전자전기 등의 임무를 위해 개조되어 사용되었다. 그중 상대적으로 장수한 A-3도 1991년까지 운용되었지만 이때도 원래의 목적인 핵 투발이 아니라 커다란 몸체를 이용하여 항공모함용 전자전기나 공중급유기로 개조되어 사용되었다.

이들의 역할이 축소된 가장 큰 이유는 공군의 장거리 중폭격기의 중요성이 줄어들게 된 이유와 마찬가지로 미사일의 등장 때문이었다. 대륙간탄도탄(ICBM)은 물론 정밀한 타격능력을 보유한 각종 미사일의 등장은 위험한 적진 깊숙한 곳까지 날아가 작전을 펼쳐야 하는 폭격기나 공격기에 의한 핵 투발의 필요성을 급속도로 반감시키게 되었다.

더불어 해군도 항공모함의 함재기를 이용하여 핵폭탄을 던지는 것보다는 핵공격잠수함을 운용하는 것이 보다 은밀하고 효과적인 방법임을 알게 되었다. 결국 공격기의 한계를 벗어나 전략무기로 웅비를 꿈꾸다가

말년에 가서는 본연의 임무를 떠나 다른 곳에서 사용된 이들 기종은 한 마디로 '핵만능주의 시대의 사생아'가 되었던 것이다.

사라질 운명 ─────────

지금까지 1962년 새롭게 정리된 분류 기법에 따른 공격기 시리즈에 대해 알아보았다. 처음에 언급한 것처럼 A-10처럼 공군이 운용하는 공격기도 있지만 대부분이 미 해군/해병대의 든든한 주먹으로 맹활약했다. 하지만 마지막 공격기인 A-6도 퇴역을 하고 그 자리를 다목적기인 F/A-18 시리즈 및 개발 중에 있는 F-35가 자리를 대체하게 되었다.

따라서 공격기를 가장 많이 사용하던 미 해군/해병대에서도 최근 전술기의 개발 사상이 다목적기로 통합되는 추세라 더 이상 사용하지는 않을 것으로 전망한다. 결론적으로 그동안 전쟁의 주역으로 맹활약했지만 폭격기이면서도 폭격기가 아니라 공격기라고 둘러대던 전술기들은 서서히 사라질 운명이다. 무기의 일생도 사람의 일생처럼 그렇게 변하는 것 같다.

A-5 비질란트는 마하 2의 속도로 비행이 가능한 공격기로 바다 위에 떠다니는 작은 전략 핵폭격기라 할 만했다. 〈NASA〉

개발에 난항을 겪고 있는 것으로 알려진 F-35. 미군은 노후화된 기존 F-16, F/A-18C/D, A-10, AV-8을 모두 F-35를 플랫폼으로 한 신예기로 대체할 예정으로, F-35는 처음부터 멀티 롤을 염두에 두고 개발이 이루어지고 있다. 사진은 수직이착륙이 가능한 F-35B 실험기. 〈CC BY / US Navy photo courtesy of Lockheed Martin by Layne Laughter〉

chapter 9

카리스마의 화신

◆◆◆

강해 보이지 않는 최신 구축함 ────────

세계 최강의 해군력을 보유한 나라는 두말할 필요 없이 미국이다. 제2
차 세계대전 직전까지는 전통의 해군 강국이던 영국과 어깨를 나란히
했지만 이제는 비교가 곤란할 만큼 양국 해군의 격차가 벌어졌다. 전후
냉전시대에는 소련 해군이 급속도로 팽창했지만, 미국의 뒤통수만 보고
따라가기 급급하다가 끝내 제 풀에 쓰러져 버렸다.

　대부분의 수상·수중전력에서 미국의 힘은 그야말로 타의 추종을 불

미국은 수척의 항공모함으로 함대를 이루어 작전을 펼칠 수 있는 유일한 나라이다. 사진은 2006년 필리핀
해에서 기동훈련을 벌이는 항공모함 로널드 레이건, 에이브러햄 링컨, 키티호크 항모타격단. 〈US Navy〉

허하는 가공할 수준이다. 현재 미국 이외 모든 나라의 해군력을 합해도 미국보다 약하다는 간단한 사실 만으로 모든 것을 설명할 수 있다. 우리 나라 해군의 최고 전력인 세종대왕급 구축함을 가지고 미 해군과 비교 하면 보다 쉽게 그 어마어마한 규모를 이해할 수 있다.

세종대왕급 구축함은 신화 속에 등장하는 '신의 방패'에서 이름이 유래한 이지스 전투체계ACS: Aegis Combat System를 탑재했기 때문에 흔히 '이지스 구축함'으로 불린다. 고성능 레이더와 최첨단 컴퓨터가 결합된 이지스는 다수의 목표물을 원거리에서부터 동시에 추적하여 이를 단계적으로 요격할 수 있는 전투체계로 함대방공은 물론 지역방공까지 가능하다.

세종대왕급 구축함은 이러한 최첨단 이지스 전투체계를 기반으로 하는 대공 요격장비는 물론이거니와 다양한 종류의 대함·대지·대잠전투 장비를 탑재하여 다양한 작전에 투입될 수 있다. 그렇다보니 이지스 구

기동함대를 이끌고 있는 세종대왕함. 척당 건조비용이 1조원인 이지스 구축함을 한국 해군은 3척을 보유하고 있다. 하지만 미 해군은 동급 함정을 현재 57척이나 보유 중이다. 〈대한민국 해군, www.flickr.com〉

축함은 뛰어난 능력에 비례하여 척당 건조비용이 1조원에 이를 만큼의 고가여서 현재 미국, 일본, 우리나라만 보유하고 있다. 스페인과 노르웨이가 이지스 전투체계를 탑재한 전투함을 보유하고는 있지만 구축함보다 규모가 작은 호위함Frigate이어서 작전능력이 세종대왕급에 비해 떨어진다. 이처럼 대한민국 해군의 자부심인 세종대왕급 구축함은 현재 3척이 전력화되었다.

그런데 미 해군은 비슷한 규모의 알레이 버크Arleigh Burk급 이지스 구축함을 현재 57척 운용 중이고 앞으로 70척까지 보유량을 늘려나갈 예정이다. 게다가 이보다 규모가 조금 큰 타이콘데로가Ticonderoga급 이지스 순양함Cruiser 22척을 별도로 운용하고 있다. 미국 다음으로 이지스 구축함을 많이 보유한 나라는 일본이지만 총 6척을 보유하고 있어서 미국과 비교대상이 되지도 못한다.

서방권 표준이라 할 수 있는 5인치 Mk45 함포의 발사 장면. 하지만 현대 전투함의 주력 무장은 함포가 아니라 각종 미사일이다. 〈US Navy〉

우리와 미국이 모두 보유하고 있는 이지스 구축함만 놓고 비교하면 미 해군의 전력이 어느 정도인지 체감할 수 있다. 바다 위에 떠 있는 거의 대부분의 이지스 구축함을 미국이 보유하고 있기 때문에 이는 미 해군의 힘을 과시하는 대표적인 수상함이라 해도 과언이 아니다. 특히 항공모함을 호위하며 대양을 항진하는 이지스 구축함의 위용은 가상 적국의 간담을 서늘하게 한다.

미 해군 작전부사령관을 지낸 모건John G. Morgan, Jr. 제독이 이지스 구축함을 '톤ton당 화력이 가장 강한 함정'으로 묘사했듯이, 그야말로 막강한 화력을 보유한 현대 수상 전투함의 왕자라 할 수 있다. 그런데 전문가나 군사관련 마니아들은 이지스 구축함이 어떤 능력을 가진 괴물이라는 것을 다들 알고 있지만, 단지 생긴 모습만 놓고 본다면 예쁜 구석이라고는 하나도 없고 그렇게 강해 보이지도 않는다.

우선 눈에 가장 잘 띄는 5인치 주포는 배의 덩치에 비해 너무 초라한 크기이고 화력도 그리 강해 보이지 않는다. 그 이유는 이지스 구축함에 탑재한 각종 미사일이나 어뢰 같은 주요 무기들은 대부분 수직발사기를 비롯한 각종 발사관 속에 있어 눈에 쉽게 띄지 않기 때문이다.

사실 현대의 해전은 보이지 않는 먼 거리에서부터 미사일을 날려 상대를 공격하는 형태로 바뀌어서 전통의 무장인 화포가 차지하는 비중이 작아질 수밖에 없다. 즉, 겉으로 드러나지 않은 다양한 유도무기가 진정한 전투함의 주먹으로 바뀐 것이다. 하지만 이것은 무력의 도구가 아닌 멋진 모양이라는 주제를 가지고 무기를 바라보는 많은 이들에게는 실망스러운 것이기도 하다.

최고의 카리스마 ─────

앞에서 언급한 것처럼 대부분의 주요 무장을 감춘 이지스 구축함은 외관만 놓고 본다면 강력할 것이라는 생각이 눈곱만큼도 들지 않는다. 특히 스텔스^{Stealth}기능을 위해 마치 접어 만든 종이배처럼 단순하게 각진 모습의 줌왈트^{Zumwalt}급 차세대 구축함을 보면 이것도 무기인가 하는 생각마저 들게 할 정도이다. 이런 점은 외형에서 뿜어 나오는 매력을 사랑하는 많은 이들을 실망스럽게 만들었다.

마니아들 대부분은 무기의 강력한 모습과 그 모습에서 풍기는 남성적인 카리스마를 좋아한다. 그런데 왠지 제비처럼 얍삽하고 단순하게 생긴 이지스 구축함을 비롯한 현대의 최신식 함에서는 독수리 같은 강력한 남성적인 매력을 찾아보기 힘들게 되었다. 물론 잘생겼다고 싸움

미국의 차세대 구축함인 DDG-1000 줌왈트. 최첨단의 기술력이 집합되다보니 무기로서 전통적인 매력이 느껴지지 않는 너무나 단순한 모습이다. 〈US Navy〉

을 잘하는 것이 아니고 무기라는 물건이 굳이 잘생길 필요도 없으며 더더구나 일부 마니아들의 눈요기를 위해서 존재할 이유도 없다. 한마디로 무기는 유사시에 가장 효과적으로 사용할 수 있는 형태면 된다. 하지만 이미 존재하는 무기에서 멋을 느끼는 것까지 막을 수는 없다. 때문에 못생겼지만 성능이 뛰어난 최신무기보다 현재는 사용하지 않는 울퉁불퉁한 남성의 근육 같은 모습의 옛날 무기에서 매력을 느끼는 사람들이 의외로 많다. 이러한 남성적 근육질을 대표하는 가장 대표적인 무기로 한때 바다의 제왕으로 대양을 호령하던 전함Battleship을 들 수 있다.

제2차 세계대전 초반까지 해상무력을 대표하는 최고의 전력으로 성가를 드높이다 일본의 진주만 공격 성공 이후 제왕의 자리를 항공모함에 물려주고 서서히 역사의 그늘로 사라졌지만, 전함에는 아무리 오랜 시간이 흘러도 결코 변하지 않는 멋진 카리스마가 있었다. 우선 지금 전투함의 함포들과 비교를 거부하는 무시무시한 전함의 함포들은 보는 사람을 주눅 들게 만든다. 사실 대포는 최고의 자리에서 밀려난 지 이미 오래된 구형 무기체계지만 거대한 대포만큼 시각적으로 위압감을 주는 무기도 없다.

따라서 전함의 존재이유이기도 한 주포들은 전함의 카리스마를 돋보이게 만든 기본 소재이다. 역사상 유명한 전함들이라면 세계 최강 영국 해군의 자랑인 킹 조지 5세HMS King George V, 일본 군국주의의 상징 야마토大和, 나치 독일의 비스마르크Bismarck 등이 있다. 그런데 아이러니하게도 역사상 최강의 전함들이 실전에서 활약했던 제2차 세계대전은 전함의 필요 이유가 없어진 전쟁이기도 했다.

자국의 자랑이던 야마토, 비스마르크는 제대로 싸워보지 못하고 무수한 폭탄의 세례 속에 심연으로 침몰하여 생을 끝냈다. 1916년에 영국과 독일 해군 사이에 벌어진 유틀란트 해전Battle of Jutland을 끝으로, 전함을

독일 해군의 자랑이던 비스마르크. 전함 시대의 마지막을 장식한 대표 전함 중 하나이다. 〈CC BY-SA / Bundesarchiv〉

주축으로 하는 거대 함대간의 맷집과 화력의 장쾌한 대결은 더 이상 없다고 보아야 한다. 함재기나 장거리 유도탄을 이용하여 먼 거리에 위치한 적을 때릴 수 있게 되자 전함은 마치 공룡처럼 순식간에 사라져 간 것이다.

이처럼 전함들은 남성미를 자랑하며 20세기 중반까지 오대양을 휘젓고 다녔지만 이제는 대부분 사라지고 사진으로만 만날 수 있다. 하지만 제2차 세계대전을 경험한 최후의 전함으로서 수시로 현역에 복귀하여 20세기 말까지 대양을 누빈 전함이 놀랍게도 아직 존재하고 있다. 미국이 만들어낸 마지막 전함으로 너무나도 유명한 아이오와급 전함Iowa Class Battleship들이 바로 주인공이다.

비록 같은 시대에 활약한 야마토보다 배수량이 작기는 했지만 무려 70여 년 전에 제작된 군함임에도 불구하고, 현재의 순양함이나 최신 구축함들이 감히 명함을 내밀지 못할 만큼 육중하고도 위엄 있는 몸매를 여전히 자랑하고 있다. 다음은 카리스마 넘치는 남성미를 자랑하는 아이오와급 전함의 생애에 대한 짧은 이야기이다.

카리스마의 탄생 ————

제1차 세계대전의 끔직한 악몽을 경험한 각국은 더 이상의 전쟁을 막고 평화를 유지하기 위하여 군축을 시도했다. 그 일환으로 주요 해군 강대국 사이에 맺은 각종 해군협정의 골자는 보유한 전투함의 총 톤수, 각 함의 최대 건조 톤수 등에 제한을 가하는 방식이었다. 거함거포주의 사상이 풍미하던 시대에 체결된 이러한 조약의 주목적은 각국 해군의 주력이던 전함과 순양함전력을 제한하는 것이었다.

따라서 전함이나 순양함의 보유 수량과 크기를 제한하는 것이 조약의 골자라 할 수 있었다. 예를 들어 제2차 세계대전 직전인 1936년에 맺은 런던조약은 3만 5,000톤 이상의 군함을 보유할 수 없게 제한을 가했다.

긴장관계가 조성되고 새로운 전쟁이 확실시되자 당연하게도 군축 관련 각종 조약은 휴지조각이 되었고, 오히려 이전의 가이드라인을 초과하는 초대형 전함의 건조가 속속 이루어졌다. 특히 거대한 태평양을 사이에 두고 적대적으로 대립하게 된 미국과 일본은 상대를 압도할 전함이 필요했다.

태평양전쟁 개시 당시에 일본은 배수량 64,000톤의 거대 군함인 야마토급 전함 2척을 실전에 투입했다. 야마토급 전함은 지금까지도 항공모함을 제외하고는 사상 최대의 전투함으로 자타가 공인하고 있다. 이를 안 미국도 당연히 이들을 상대할 주먹이 필요하다고 판단하여 급하

미국으로 하여금 조바심이 들게 만든 일본 해군의 거함 야마토. 크기로는 사상 최대의 전함이었다.

게 1940년부터 새로운 초대형 전함의 건조에 착수했는데 이것이 바로 아이오와급 전함이다.

그런데 이들이 완공되기 이전인 1941년에 일본이 진주만을 공격하여 태평양전쟁이 발발했고, 아이오와급 전함들은 전쟁 중반기에나 전선에 투입될 수 있었다. 초전에 진주만에서 기존의 전함세력이 일거에 와해된 미국으로서는 단 한 척의 전함도 아쉬운 상황이었으나 군함, 특히 전함처럼 거대한 무기는 쉽게 제작이 가능한 무기가 아니어서 전쟁 초기에 상당한 공백기를 거쳐야 했다.

여기서 재미있는 점은 어쩔 수 없이 대응전력 확충차원에서 전함의 건조를 서두른 미국도 그랬지만 독창적인 항공모함 함대를 구성하여 진주만 공격에 대성공한 일본도 거함거포주의의 환상을 버리지 않았다는 점이다. 전쟁자원을 항공모함전력 확충에 투입하는 것이 유리했는데도 불구하고 상대의 전력을 의식하여 전함을 쉽게 포기하지 못했다.

아니 새로운 해전의 패러다임을 수용하기에는 더욱 많은 시간과 경험

역사상 최고의 그리고 최후의 전함으로 이름을 남긴 아이오와급 전함. 사진은 아이오와급 2번함인 BB-62 뉴저지. 〈US Navy〉

이 필요했던 것이다. 결론적으로 2척의 야마토급 전함인 야마토와 무사시를 격침한 것도 전함의 거포가 아닌 항공모함에서 발진한 함재기들이었다. 이미 전쟁이 중반을 넘어선 시점부터 제공권의 확보 없이는 전함이 마음 놓고 활약할 수 없었을 만큼, 해전의 환경이 바뀌었던 것이다.

어쨌든 아이오와급 전함은 최초 6척이 계획되어 제작에 들어갔는데 1943년부터 순차적으로 전선에 투입되었다. 순서대로 BB-61 아이오와Iowa, BB-62 뉴저지New Jersey, BB-63 미주리Missouri, BB-64 위스콘신Wisconsin의 4척이 속속 완공되었고 나머지 2척은 종전으로 인하여 건조가 취소되었다.

당시 미국의 선박 건조능력으로는 야마토를 능가하는 전함의 제작도 가능했지만 태평양과 대서양 모두에서 전쟁을 벌여야 했던 미국의 군사전략상 선체가 파나마 운하를 통과할 수 있어야 하기에, 아이오와급

선박이 파나마 운하를 통과하는 모습. 이처럼 파나마 운하를 통과할 수 있는 선폭을 가진 배를 '파나막스 (Pnanamax) 선박'이라 부른다. 〈US Navy〉

전함은 폭은 좁고 상대적으로 길이는 늘어난 형태로 제작되었다. 이러한 날렵한 구조는 거대 전함임에도 최대 33노트까지 쾌속 순항이 가능하도록 만들었는데 이는 오늘날 최신예함도 쉽게 내기 힘든 속도이다. 한마디로 당대 최신예 기술의 집합체였던 것이다.

전함의 화력은 지금 봐도 무시무시한 거대한 주포의 성능에 의해서 좌우되는데 아이오와급 전함에 장착된 16인치 주포는 야마토의 18.1인치 주포에 비하여 구경이 작았으나 발사속도 및 정확도가 우세했다. 거기에 더해 어지간한 폭격이나 포격도 감당하며 참아낼 만한 방어용 장갑이 단단했고 순항속도와 순항거리가 훌륭하여, 전투력은 오히려 야마토보다 뛰어난 전함으로 많은 자료에서 평가하고 있다.

그런데 이런 평가는 주로 미국 측에서 주장하는 것이고 현재도 많은 일본인들은 야마토를 최강의 전함으로 여기고 있다. 사실 야마토나 무사시가 비참하게 최후를 맞이했지만 결코 허접하게 만든 전함은 아니었다. 만일 아이오와급과 야마토급이 외부의 다른 지원이나 간섭 없이

순수하게 전함 대 전함의 대결을 벌였다면 그 결과는 쉽게 예측하기 힘들었을 것이다.

재등장 ────────

이들 카리스마 넘치는 아이오와급 전함들이 전쟁에 투입된 시기는 이미 전쟁의 균형추가 미국 쪽으로 넘어가고 있던 시점이었다. 제해권을 항공모함이 장악하면서 거함거포주의라는 기존의 해전에 관한 전통적 이데올로기가 근본적으로 바뀌던 중이었다. 때문에 태평양전쟁에서는 전함을 주축으로 한 대규모 함대 간의 장대한 포격전은 드물었고, 아이

도쿄 만에 정박한 BB-63 미주리에서 일본의 항복을 받는 모습. 이로써 제2차 세계대전은 공식적으로 막을 내렸다.

아이오와급 전함의 상징인 16인치 50구경 Mk7 함포의 무시무시한 사격 모습. 3개의 포탑에 총 9문을 장착했다. 〈US Navy〉

오와급 전함들은 상륙작전 시 후방에서 어마어마한 화력지원을 하거나 100여 문의 대공화기를 이용하여 함대방공 역할을 주로 담당했다.

BB-63 미주리는 일본의 무조건 항복서명을 받는 장소로 역사의 스포트라이트를 받았지만 아이오와급 전함들은 사실 전함 특유의 맷집싸움은 벌이지 못했다. 아니, 벌일 틈이 없었다고 보아야 할 것 같다. 이미 해전은 포사정권 밖에서 날아오는 폭격기에 의해서 상황이 결정되고 이들 아이오와급이 참전한 시점은 이미 일본의 쇠퇴기라서 전함 대 전함의 대결이 이루어질 만한 상황도 아니었기 때문이다. 이에 비한다면 일본의 자존심 야마토나 무사시는 뭐 하나 제대로 해본 것도 없이 가라앉았으니 아이오와급들은 나름대로 역할을 했다고 볼 수도 있다.

전쟁이 끝나자 이들 전함 중 BB-63 미주리를 제외한 나머지 3척은 퇴역하여 미 해군 치장물자 명단에 이름을 올렸다. 전쟁 중 급하게 만들어 전선에 투입했지만 전쟁이 끝난 후 상시 유지하기에는 너무 많은 비용과 병력이 필요하기 때문이었다. 사실 전함뿐만 아니라 제2차 세계대전이 끝나자 수많은 잉여장비가 도태되었고 최대 1,000만까지 늘어났던 미군의 병력도 대폭 감축되었다.

하지만 국제정세는 이들이 쉬도록 내버려 두지를 않았다. 가장 커다란 전쟁을 치러 평화가 오래 지속될 줄 알았지만 불과 5년만인 1950년에 한반도에서 전쟁이 발발하고 이것은 곧바로 거대한 국제전으로 비화했다. 유엔군의 반격으로 전쟁이 쉽게 종결될 것 같았지만 중국군의 참전으로 급격히 전황이 반전되어 수세에 몰리기 시작할 때, 은퇴하여 쉬고 있던 이들 전함들이 다시 현역에 복귀하여 한반도 인근 해역에 모

1950년 10월 6·25전쟁에 참전하여 청진을 향해 포격을 날리는 BB-63 미주리. 〈US Navy〉

습을 드러냈다.

재취역하여 제일 먼저 참전한 BB-62 뉴저지는 흥남철수작전에서 밀려 내려오는 중국군을 향하여 엄청난 포화를 날려 탄막을 형성함으로써 미 10군단을 비롯한 10만의 전투부대와 공산학정을 피해 탈출하려는 10만 피난민의 성공적 철수를 이끄는 원동력이 되었고, 이후 속속 참전한 아이오와급 전함들은 전쟁 내내 든든한 해상포대의 역할을 수행했다.

6·25전쟁이 승자를 가리지 못하고 휴전이 되자 이들 전함들은 다시 퇴역하여 겨울잠에 빠져들었다. 그러나 10여 년 만에 미국이 베트남전쟁에 참여하고 전쟁이 격화하자, 이들 전함들은 긴 잠을 깨고 대대적인 개수 작업을 마친 후 전선에 투입되어 다시 한 번 그 웅장한 자태를 드러냈다.

베트남전쟁 당시는 해군 전투함의 추세가 유도무기를 탑재하는 방향으로 틀을 바꾸던 시기였다. 그럼에도 이들이 현역에 복귀하게 된 가장 큰 이유는 그 어떠한 플랫폼도 능가할 수 없는 엄청난 화력 때문이었다. 북베트남의 방공망에 미군기의 격추가 계속되어 골머리를 앓던 미군은, 태평양전쟁이나 6·25전쟁을 통해 해상에서 지상을 포격하는 훌륭한 플랫폼이라는 사실이 이미 입증된 이들 전함을 목표지점 근해에 정박하여 놓고 포격을 가하는 것이 더욱 효과적일 것이라 판단했던 것이다.

영원한 카리스마 ————————

1968년 북베트남 해안에 모습을 드러낸 BB-62 뉴저지는 100여 일 동안 5,600발의 16인치 포탄과 1만 5,000발의 5인치 포탄을 발사했다.

이것은 단일 전함이 하나의 목표물에 발사한 최대 포격량으로 기록되었는데 앞으로 이를 능가하는 함대지포격은 불가능할 것으로 여길 만큼 어마어마한 규모이다. 사실 이러한 포격이 가능한 전투함이 현재에는 존재하지도 않는다.

그렇게 1960년대가 저물자 이들 전함은 역사의 뒤로 또 다시 사라져 갔다. 육중한 몸체와 화력을 이용하여 하늘을 찢는 포격을 날리던 이들 전함의 최후가 다가온 것 같았다. 구식 전함을 운용하기 위해서는 많은 인원과 비용이 필요했는데 아무리 전쟁에서 승리를 달성하기 위해 물불을 가리지 않는다하더라도 비용 측면을 완전히 무시할 수는 없었다. 더불어 장거리 대함미사일과 초음속 전폭기들은 거대한 전함의 생존에 위협을 주었다.

하지만 역사는 이들이 영원한 동면에 취하도록 내버려 두지 않았다. 1980년, 힘을 앞세운 대소우위 전략을 채택한 레이건 행정부의 등장에 따라 이들은 현역으로 재등장하게 되었다. 미국 해군은 600척 군함 보유 계획을 발표하고 보존상태가 좋은 순서대로 1981년 BB-62 뉴저지, 1982년 BB-61 아이오와, 1984년 BB-63 미주리, 1985년 BB-64 위스콘신의 재취역을 결정했다.

전함의 상징이라 할 수 있는 16인치 주포는 살리되 토마호크[Tomahawk] 순항미사일, 하푼[Harpoon] 대함미사일, 팔랑스[Phalanx] 근접대공화기 및 각종 현대화된 센서류를 장착하는 대대적인 개수가 이루어졌다. 이들의 재등장은 한동안 당대 최강의 화력을 지닌 전투함이라고 뽐내던 소련의 거대 미사일순양함 키로프[Kirov]를 순식간에 초라하게 만들 정도였다.

레이건 행정부가 주창한 힘의 우위를 통한 대소련 압박정책을 상징적으로 보여준 이들 전함의 재취역은 미국의 힘을 전 세계에 알리는 신호탄과 같았다. 곧이어 1984년 레바논 사태에 투입된 BB-62 뉴저지가

측면의 5인치 부포와 대공기관포좌가 제거되고 토마호크와 하푼 미사일 발사대가 장착되어 현대식으로 개장되었지만, 아이오와급 전함의 상징인 16인치 주포를 대신할 만한 화력은 지금도 존재하지 않는다. 〈US Navy〉

게릴라 진지 초토화작전에서 엄청난 포격작전을 실시하여 구세대 전함의 복귀가 단지 전시용이거나 시위용이 아니었음을 알려 주었다.

베트남전쟁의 악몽으로부터 미국의 자존심을 회복시켜준 것은 1990년 걸프전이었는데, 이때 다시 한 번 BB-63 미주리가 보무도 당당히 출전하여 100여 발의 16인치 포탄과 24발의 순항미사일을 후세인의 군대에 날려 주었다. 이것은 최신예라 자부하던 이지스 전투함들이 감히 흉내도 낼 수 없는 엄청난 지상타격능력이었다. 사실 이러한 능력이 아이오와급 전함이 탄생한 지 70년 가까이 되었음에도 완전 폐기처분되지 못하는 이유이기도 하다.

왜냐하면 다시 전쟁이 벌어지면 아이오와급 전함의 화력지원이 필요 없다고 장담하기 힘들고 또한 아무리 기술이 발달한다 하더라도 전쟁이라는 것이 반드시 최신식 무기로만 치룰 수도 없기 때문이다. 이와 같이 최후의 전함으로 그 위용과 카리스마를 자랑하던 아이오와급 전함들은 지난 수십 년간 수차례의 퇴역과 현역복귀를 반복하며 태어나서부터 지금까지 그 어떤 후속주자들도 감히 흉내 내거나 범접할 수 없는 카리스마를 발했다.

사실 아이오와급은 작전 투입 시 2,700여 명의 승조원이 필요할 만큼 많은 인력과 비용이 들어가 상시 운용하기에는 무리가 따른다. 따라서 70여 년의 생애라 하더라도 전쟁터에서 종횡무진 활약한 시기만을 모은다면 20년이 되지 않고 대부분은 항구에 정박하고만 있었다. 하지만

퇴역 후 뉴저지주 캠든에 전시 중이던 BB-62 뉴저지. 보관비용 증가로 이들 전함 형제들의 폐선 처리 이야기가 공공연히 나올 만큼 어느덧 많은 세월이 흘렀다. 앞으로의 미래가 궁금해진다. 〈CC BY / Sdwelch1031 at en.wikipedia.org〉

그럼에도 스크랩되어 사라지지 않고 보존된 것은 이들을 필요로 하는 만일의 사태에 대비하기 위해서였다.

그런데 지난 2005년 말 한 가지 외신이 전해졌다. 미국이 추진하던 차기구축함 사업(DDX)이 예산문제로 취소될 가능성이 있으며 이 경우 보관된 아이오와급 전함을 개수하여 재취역도 고려할 수도 있다는 흥미로운 내용이었다. 비록 실현되지는 않고 가십거리로 지나갔지만 이것은 한편으로 아이오와급 전함들이 두고두고 사용하고 싶은 욕망이 들게 만들 만큼 매력적인 무기임을 입증하는 예라 할 수도 있다.

현재는 해상박물관과 보관함으로 존재하면서 세기를 넘겨서까지 고철로 사라지려는 운명을 거부하고 있다. 통상적인 군함의 일생이 건조, 진수, 취역, 퇴역 그리고 폐기의 순서인데 아이오와급은 나이로 따지면 폐기의 대상이 맞지만 그러기에는 너무나 아까운 존재이다. 오히려 박물관으로 보존하기 위해 민간 단체주도로 해외 모금 활동도 벌이는 것을 보면 이미 아이오와급은 무기 이전에 하나의 역사 그 자체가 되어버린 형국이다. 과연 미래에도 존재하게 될지 궁금해지는 대목이다.

chapter 10
나 좀 보호해 줘

◆◆◆

극복할 수 없었던 한계 ─────

제2차 세계대전에서 독일이 패하게 된 가장 큰 이유는 연합군과의 물량대결에서 질 수밖에 없었기 때문이다. 비록 한창때 유럽 중심부를 지배하던 독일이지만 소련이나 미국과의 끝없는 소모전에서 이들을 능가할 방법은 갖고 있지 못했다.

인구와 자원에다가 공업 생산량까지 독일은 연합국을 앞서지 못했다. 의외의 사실이지만 독일이 전시 경제체제로 완전히 바뀐 것은 전쟁 말기인 1943년이었다. 독일이 체제 단속을 위해 본토의 경제를 최대한 전쟁 이전의 상태로 인위적으로 유지하면서 벌어진 결과였다.

특유의 장인정신으로 말미암아 최고의 공산품을 만들어냈지만 대량 생산에 적합한 산업구조를 갖추지는 못한 독일은 전쟁 내내 만성적인 군수품 부족에 고민했다. 무기의 품질도 좋아야 하지만 절대 공급량이 충분해야 전쟁을 승리로 이끌 수 있다.

독일의 티거(Tiger) 전차 공장. 독일은 질 좋은 무기를 만들었지만 생산성이 부족하여 무기를 전선에 충분히 공급하는데 애를 먹었다. 이런 핸디캡은 결국 독일이 전쟁에 패하게 된 이유 중 하나이다. 〈CC BY-SA / Bundesarchiv / Hebenstreit〉

사실 아무리 전쟁 중이라도 항상 값비싸고 좋은 무기로만 싸울 수는 없는 노릇이다. 이런 점에서 볼 때 비록 미국이나 소련의 무기는 1 : 1로 비교하면 성능이나 질이 독일 것에 미치지 못하는 경우가 많았지만 그 엄청난 공급량으로 질적 열세를 메웠다. 이 점은 사방이 포위된 독일로서는 도저히 극복하지 못할 핸디캡이었다.

거기에다가 미국의 전략폭격기들은 독일에게 엄청난 좌절감을 안겨주었다. 독일은 미국이나 소련의 후방 깊숙이 있는 전략시설을 공격할 엄두도 내지 못했지만, 미국의 전략폭격기는 독일 본토의 공업지대나 루마니아 유전지대 같은 주요 시설을 공격하여 독일의 전쟁수행의지를 꺾어 놓았다.

강력한 폭격기의 약점 ─────

그중에서도 B-17로 대변되는 미국의 중폭격기들은 엄청난 폭장량과 항속거리를 이용하여 독일 중심부의 주요 거점을 차근차근 짓밟았다. 이른바 전략폭격이었는데, 이 때문에 대형 폭격기의 발달과 전술 개발을 미국이 선도했다 해도 과언이 아니다. 이처럼 유럽전선에서 B-17에 의한 대공습은 독일에게 대재앙과 같은 존재였다.

그런데 영화 〈멤피스 벨Memphis Belle〉이나 〈정오의 출격Twelve O'Clock High〉 같은 영화에서 알 수 있듯이 폭격임무가 결코 수월한 것은 아니었다. 고사포에 의한 지상으로부터의 공격도 그렇지만 날렵한 적 전투기들의 요격 때문에 작전에 나간 폭격기들은 상당한 어려움을 겪었다. B-17은 무려 생산량의 30퍼센트인 5,000여 기가 작전 중 격추당했을 정도로 임무환경이 대단히 위험했다.

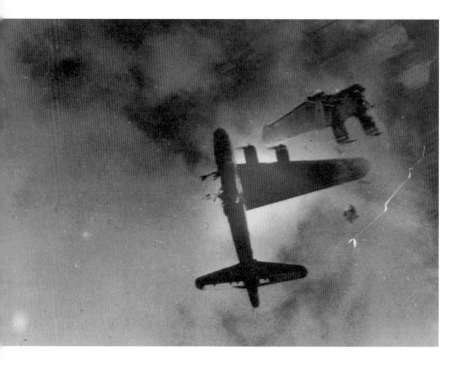

작전 도중 좌측 주익이 잘려나간 B-17 폭격기. 이처럼 폭격에 나선 연합군의 폭격기들은 독일의 요격으로 말미암아 엄청난 희생을 치렀다. 〈US Air Force〉

요즘이야 외과수술타격Surgical Strike이라고 부르는 것처럼 목표물만 정확히 골라서 원거리에서 공격하지만 당시에는 광적면에 대한 융단폭격이 전략폭격의 대세였다. 때문에 민간 피해가 불가피했다. 폭격기는 장거리 항속능력과 대용량의 폭장능력을 갖추기 위해 당연히 몸집이 클수밖에 없었지만, 이런 육중한 몸집을 가지고 제공권이 확보되지 않은 적진 한가운데 접근한다는 것은 사실 자살 행위나 다름없었다. 코끼리같이 둔한 폭격기와 독수리같이 날렵한 전투기의 공대공전투는 사실 그 자체가 말이 되지 않는 싸움이다.

악어와 악어새 ─────

13정의 중기관총으로 중무장한 B-17이 밀집편대를 이루어 화망을 구성하면 적기가 침투하여 공격을 가하기 힘들 것 같지만 현실은 전혀 그렇지 않았다. 미사일이 등장하기 전까지 공대공전투는 기동력과 속도를 앞세워 상대의 꼬리를 무는 도그파이팅Dog Fighting이 기본이었는데 폭격기는 이런 기동이 불가능했다.

기본적으로 전투기를 상대하는 것은 역시 다른 전투기이다. 문제는 기체가 작은 전투기는 기동력과 속도가 좋지만 항속거리가 짧다는 점이다. 예를 들어 1940년 영국본토항공전에서 독일 공군이 애를 먹은 가장 큰 이유가 폭격기를 호위하던 전투기들이 영국까지 날아가 체공할 시간의 부족이었다. 결국 호위를 제대로 받지 못한 독일 폭격기들이 영국 공군에 쉽게 요격당했다.

B-17 폭격기와 P-51 전투기. 장거리 비행이 가능한 뛰어난 성능의 전투기들이 연합군 폭격기들을 보호했다. 〈US Air Force〉

그래서 적 요격기에 대항하여 폭격기가 목표 지점까지 안전하게 날아가서 임무를 수행할 수 있도록 장거리 순항이 가능한 호위기가 요구되었는데, 연합국에게는 그런 전투기들이 있었다. 바로 P-47과 P-51이었다. 지금도 최고의 프로펠러 전투기로 손꼽히는 이들의 전설 대부분은 이때 시작되었다. 독일의 Bf-109, Fw-190나 Me-262 같은 요격기에 맞서 호위기로 맹활약한 이들은 B-17의 든든한 후원자였다. 특히, 롤스로이스 엔진을 장착한 P-51은 장거리 호위전투기의 명성을 드높여 주었다. 한마디로 악어와 악어새의 찰떡궁합이었다.

하늘의 요새 B-29 ─────────

같은 시기에 지구 반대편 태평양전선에서 맹활약한 B-29는 한 술 더 떴다. 한마디로 난공불락의 요새였다. 그 이유는 일본이 보유한 대부분의 요격기들이 B-29가 날아다니는 고공까지 올라가지 못하기 때문이었다. 대공포가 도달하지도 못할 고고도를 자유롭게 날아다니며 느긋하게 폭탄을 퍼부어대는 B-29 편대를 일본은 그냥 뻔히 처다보아야만 했다.

지금이야 고성능의 지대공미사일 등으로 원거리에서부터 요격이 가능하지만 당시에는 목표물에 다가가 공격하는 것이 유일한 요격 방법이었다. 그런데 이것이 불가능하니 일본으로서는 폭격이 끝날 때까지 기다리는 것밖에 뾰족한 대책이 없었다. 당연히 B-29는 무소불위의 권력처럼 하늘을 지배했다.

이런 경험 때문인지 전후 미국에서는 B-29 같은 고성능 대형 폭격기로 고고도에서 폭격을 가하여 전쟁을 승리하는 폭격기 만능론이 대두했다. B-17이 초기 출격 당시에 겪은 어려움과 유럽전선에서 맹활약하

B-29를 요격할 수단이 없었던 일본은 엄청난 융단폭격에 시달려야 했다. 〈CC BY / Rob Faulkner (robef at flickr.com)〉

던 호위전투기의 효용성을 그새 망각한 것이다.

하지만 이런 자만도 얼마가지 않아 미국도 코피가 터지게 되었다. 만일 B-29가 상대적으로 일본보다 뛰어난 요격기가 즐비하던 유럽전선에서 사용되었다면 아마도 뒤에 설명할 어려움을 미연에 막았을지도 모른다. B-29를 운용하는 제20폭격사령부가 창설될 무렵인 1944년 3월, 유럽전선은 독일의 패망이 가시화되던 시기라 B-17만으로도 충분히 작전을 펼칠 수 있다고 판단하여, B-29는 태평양전선에만 투입된 것이다.

핵폭탄과 결합한 폭격기 ──────

일본이 항복할 때까지 B-29는 수백 회에 걸쳐 일본 본토를 맹폭격하여 66개 주요 도시를 말 그대로 초토화했다. 그런데 미국의 무지막지한 폭격에도 불구하고 전 국민을 옥쇄玉碎시켜서라도 필사의 항전을 계속하려는 일본 수뇌부의 비상식적인 행동이 계속되자 미국은 결정타를 날리게 되었다.

바로 핵폭탄이었다. 히로시마와 나가사키에 B-29가 투하한 핵폭탄으로 일본은 반항을 멈추고 전쟁이 끝나게 되었는데, 이것은 한편으로 장거리 핵 투발용 전략폭격기의 등장을 의미하는 군사전략상 사변이기도 했다. 단어 상으로는 같은 전략폭격이지만 개념은 전혀 달랐다. 한방

핵폭탄의 등장은 장거리 중폭격기의 위상을 바꾸어 버린 엄청난 사변이었다. 한마디로 전쟁의 방법이 바뀐 것인데, 핵폭탄은 위력이 너무 커서 무섭다보니 오히려 함부로 사용할 수 없는 수단이 되어 버렸다. 사진은 핵폭탄 공격 이후 히로시마의 모습.

으로 전쟁을 끝낼 수 있는 시대가 도래한 것이다.

지금은 핵폭탄을 대륙간탄도미사일에 탑재하여 사용하는 것을 정석으로 여기지만, 1950년대 미·소 냉전기 상황으로 돌아가 보면 핵폭탄을 운반할 플랫폼이 다양하지 않았다. 당시에는 폭격기를 이용하여 적진 깊숙이 침투하여 투하하는 방법이 유일했다.

결국 '전략 핵폭격기 무적론'을 들먹일 만큼 전쟁의 패러다임이 완전히 바뀌어 버린 것이다. 그 여파가 어느 정도였는지 지금까지 전쟁이 발발하면 제일 먼저 달려 나간 미 해군의 감축을 진지하게 고려했을 정도였다. 굳이 전선으로 달려가 어렵게 싸울 필요가 없다고 생각한 것이다.

새로운 적의 등장 ─────────

제2차 세계대전 이후 5년 만에 대규모 국제전이 발발했다. 바로 6·25전쟁이다. 이때 태평양전쟁의 왕자였던 B-29는 보무도 당당히 출격하여 융단폭격을 재현했다. 비록 전사에는 폭격 내용에 비해서 효과가 크지 않았다고 하지만 다부동을 정점으로 하는 낙동강 최후 방어선에서 B-29의 폭격은 북한의 진격을 저지하는 역할을 수행했다.

이 당시 제공권을 유엔군이 확보했기 때문에 지난 태평양전쟁 당시의 열도폭격처럼 B-29의 임무는 무주공산의 하늘에서 그냥 폭탄만 버리고 오는 것이었다. 오히려 인천상륙작전 이후 전세가 급격히 반전되어 중폭격기에 의한 대대적인 융단폭격작전이 한 동안 없었을 정도였다.

하지만 전쟁의 양상은 기대와 다르게 흘러갔고 B-29는 얼마 가지 않아 다시 전선에 등장하게 되었다. 중국군의 개입으로 통일의 꿈은 순식간 물거품이 되었고 유엔군이 후퇴하자 공산군의 보급로를 차단할 목적으로 B-29들은 북한지역으로 날아가 대대적인 폭격을 시작했다.

그런데 듣도 보도 못한 은색의 제트전투기들이 날아와 B-29들을 무차별 요격했다. 바로 공포의 MiG-15였다. MiG-15는 제2차 세계대전 당시의 프로펠러 전투기들처럼 고고도까지 올라오지 못해서 헉헉거리던 그런 전투기가 아니었다. 소련에게 고성능 제트전투기가 있을 것이라 상상도 못한 상태에서 당한 역습이었다.

뒤늦게 깨달은 만용

감히 쫓아갈 수 없을 만큼 빠른 속도를 이용한 기습공격으로 폭격기들은 멍하니 날아가다가 격추당했고, 당장 격추를 피한 B-29들은 자신이 다음 요격 목표가 되지 않기를 기도하는것 외에 대책이 없었다. 이후 폭격기 조종사들은 호위전투기 없이 적진에 공습 나가는 것을 거부할 정도가 되었다.

초기에 참전한 그 어떤 서방 전투기도 MiG-15에 대적하기 힘들었다. 이러한 와중에 MiG-15처럼 극적으로 등장한 것이 F-86이었다. 마치 제2차 세계대전 당시 B-17과 P-51의 관계처럼 F-86가 B-29 폭격기들의 호위임무를 띠고 맹활약했다. 이때부터 폭격기를 보호하려는 F-86과 격추시키려는 MiG-15는 전사에 길이 남을 라이벌로 기록되었다.

어쨌든 코피가 터진 미국은 어떠한 이유로도 둔중한 폭격기의 단독 출격이 무모하다는 교훈을 얻었다. 아니 잠시 잊고 있던 사실을 깨달았을 뿐이다. 그런데 제트 시대가 도래하며 이전의 P-51처럼 장거리 폭격기와 항속거리를 맞출 호위전투기의 개발이 힘들다는 것이 고민으로 떠올랐다.

MiG-15는 F-86의 등장을 촉진했고, 이 둘은 이후 전사에 길이 남을 라이벌이 되었다. 〈위: CC BY-SA / Greg Goebel (gvgoebel at flickr.com), 아래: CC BY / Jerry Gunner (Jerry Gunner at flickr.com)〉

6·25전쟁은 그나마 종심이 짧은 관계로 F-86으로도 충분했지만 만일 소련과 전쟁이라도 벌어진다면 연료 소모가 많은 제트기인 F-86으로는 장거리 호위를 기대할 수 없었다. 프로펠러기에 비해 동체의 크기가 커졌고 탑재할 수 있는 연료량도 많아졌지만 소모량도 훨씬 커서 장거리 작전에 투입되기 곤란했다.

궁하면 통한다 ─────────

하드웨어적으로 크기가 작은 전투기가 장거리 비행이 가능한 폭격기와 처음부터 끝까지 보조를 함께할 수는 없다. 하지만 냉전 당시에 전략핵 폭격기들은 대륙을 횡단하여 적진 깊숙이 침투해야 했다. 이것은 무방비로 가장 위험한 곳까지 단독으로 침투해야 한다는 것을 의미했고 그럴수록 작전 성공확률은 희박했다.

 궁하면 통한다고 미국은 이때 기발한 생각을 했다. 폭격기에 호위기를 달고 다니다가 적기가 출현하면 호위기를 분리하여 적기를 격퇴하

실험으로 끝난 TB-3 폭격기와 I-16 호위기 결합 패키지.

B-29의 폭탄창을 개조하여 탑재실험 중인 XF-85. 〈US Air Force〉

고 다시 폭격기에 도킹하는 형태의 패키지 구성을 생각한 것이다. 사실 이런 시도는 새로운 것은 아니고 비행선에 탈출용 비행기를 부착하던 것을 응용한 것이다.

또한 폭격기에 전투기를 부착하는 것은 이미 제2차 세계대전 당시 소련을 비롯한 여러 나라에서 시도했다. 소련은 TB-3 폭격기에 I-16 전투기를 달고 실험까지 했지만 I-16이 당시 독일 공군의 전투기들과 맞서기 힘든 기종이었던 관계로 헛수고만 했다.

미국은 XF-85 고블린Goblin이라는, 이러한 목적만을 위한 괴물 같은 시험용 전투기를 만들어 B-29에 장착하여 실험까지 해보았다. 그러나 XF-85 자체로는 전투기의 능력을 발휘하기가 힘들다고 판단되어 실험은 막을 내렸다. 충분히 적 전투기와 맞설 수 없다면 굳이 무겁게 호위기를 달고 다닐 필요가 없었던 것이다.

B-29 주익 양 끝에 F-84 전투기를 결합한 모습. 하지만 6·25전쟁 당시 B-84 선더제트는 후퇴익의 MiG-15에 비해 열세인 것으로 판명되면서 급속히 일선에서 퇴출되었다. 〈US Air Force〉

절박한 심정 ————

대안으로 F-84 선더제트^{Thunderjet} 전투기를 장착하여 그 가능성을 실험했다. F-84가 소련의 MiG-15에 비해 성능은 약세이지만 그래도 쓸 만한 전투기였다. 하지만 그 실험 결과에 대해 크게 알려진 것은 없고 결론적으로 채택되지 않았으니 그다지 효과가 없었던 것으로 추측한다.

이 중 흥미로운 것은 지금도 현역에서 많이 사용 중인 C-130 수송기에 1개 편대나 되는 시험용 무인비행기를 장착하여 시험한 것으로, 이를 통해 당시 미국이 폭격기에 갖고 있는 절대적 믿음과 폭격기를 안전하게 호위할 전투기의 필요성에 대해 얼마나 절박한 심정이었는지 알수 있을 것 같다.

B-29와 맞먹은 폭장량을 자랑하던 F-4 팬텀 II. 사진은 해군형 F-4B의 모습이다. 〈US Navy〉

그러나 노력에도 불구하고 이는 실험으로만 끝나게 된다. 그 이유는 1950~1960년대를 풍미하던 핵무기에 대한 믿음과 장거리 미사일의 개발 때문이었다. 소련과의 대결을 염두에 둔 미국은 장거리 미사일에 핵폭탄을 탑재하여 한방 먹이는 것이 폭격기들이 목숨 걸고 적진 깊숙이 침투하여 폭격하는 것보다 훨씬 효용성이 크다는 것을 느꼈다. 이러한 생각은 소련 또한 마찬가지였다.

이런 이유 때문에 전략폭격기의 용도가 줄어들었는데 여기에 한방을 더 먹이는 사건이 발생했다. 바로 F-4 팬텀 II 전폭기의 등장이었다. 이는 한마디로 전술폭격작전 패러다임의 격변이었다. F-4 팬텀 II는 전투기로서 당대 최강이라 할 만한 성능을 지녔고 폭장량도 B-29와 맞먹었다.

살아남기는 힘들듯 ─────────

때문에 전략폭격은 장거리 핵미사일, 전술폭격은 F-4와 같은 고성능 전폭기로 이분화하는 것이 타당하다는 사고의 전환을 이루게 되었다. 사실 전략폭격을 할 만한 전쟁도 없었지만 오죽하면 전략폭격기로 개발된 B-52도 이후 베트남전쟁처럼 미국이 개입한 전쟁에서 제공권이 확보된 지역의 전술폭격임무만 담당했다.

현재 전략폭격기라는 용도의 대형 폭격기를 운용하는 나라가 미국, 러시아 정도 밖에 없는데, 러시아도 차츰 그 보유 대수를 줄여가고 있다. 그래서 의미 있는 규모의 전략폭격기부대를 운영하고 있는 나라는 미국이 거의 유일하다. 진화와 개량을 거듭해온 B-52도 현재 사용하지만 미국 전략폭격기의 핵심은 B-1과 B-2이다.

하지만 이들 폭격기들도 예전처럼 적진 상공 바로 위까지 날아가지 않고 원거리에서 타격이 가능한 고성능 스탠드오프 유도무기의 플랫폼으로 주로 사용 중이다. 따라서 초정밀 장거리 유도무기가 장차전의 주역으로 등장하는 상황으로 미루어 볼 때 과연 폭격기의 효용성이 앞으로도 계속 유지가 될지는 장담하기 힘든 환경이 되었고, 필자 또한 거대폭격기의 필요성에 대해 의구심을 가지고 있다.

그렇다면 미국에서도 B-52, B-1, B-2 같은 폭격기를 반드시 유지해야 한다는 신념이 흔들리는 날이 언젠가는 올지 모르겠다. 아니면 스텔스화되어 그 성능을 배가한 B-2처럼 기술 개발과 성능 향상이 있으면 호위전투기 없이도 적진 깊숙이 침투하여 임무를 계속하여 수행할 수 있다고 폭격기 옹호론자들이 주장할지도 모른다.

현재 미국이 운용 중인 전략폭격기인 B-52, B-1, B-2. 환경의 변화와 기술의 발달로 말미암아 앞으로 이들이 계속 하늘의 제왕으로 군림할지는 의문스럽다. 〈US Air Force〉

chapter 11

항공모함의 진화

◆◆◆

새총이라고 해야하나 ─────

현재 항공모함을 운용하는 나라는 그리 많지 않다. 제2차 세계대전 직후만 하더라도 캐나다, 오스트레일리아, 네덜란드, 아르헨티나 등의 나라에서도 사용했지만 갈수록 환경이 바뀌고 많은 비용이 들어가자 운용을 포기했다. 지구상에 돌아다니는 항공모함전력의 7할 정도를 보유한 미국도 경제 여건으로 말미암아 그 수를 줄여나가는 형편이다.

그렇다고 이러한 추세가 항공모함의 몰락을 의미하는 것은 아니다. 오히려 중국이 새로운 항공모함 보유국이 되고 경제 사정으로 말미암아 그동안 경항공모함을 운용하던 영국이 정책을 바꾸어 보다 다양한 작전에 투입이 가능한 중형 항공모함 취역을 눈앞에 두고 있는 것처럼, 항공모함은 갈수록 성능이 향상되면서 각 군 전력에서 차지하는 비중이 커지고 있다.

이처럼 항공모함은 수상 전략무기의 대표라 할 수 있지만 처음부터 그런 위상을 차지한 것은 아니고, 수많은 실전과 운용을 통해 단점을 개선하며 오늘날 강대국을 상징하는 전략무기가 되었다. 앞으로 소개할 내용은 지금은 너무 당연하다고 생각하지만 우여곡절 끝에 채택되면서 항공모함의 성능을 획기적으로 향상시킨 것들에 대한 여러 이야기이다.

항공모함의 능력을 향상시킨 여러 가지 구조물이 있는데, 그중 대표적인 설비가 사출기Catapult이다. 아무리 커다란 항공모함이어도 육상에

퇴역한 CV-12 호넷(Hornet)에 설치된 사출기와 A-4 공격기. 사출기의 등장으로 항공모함에서 보다 효과적인 함재기의 이함이 가능하게 되었다. 〈CC BY-SA / Morn at en.wikipedia.org〉

서 이륙하는 항공기에 비한다면 함재기들의 이함 거리는 터무니없이 짧다. 가속을 하여 양력을 충분히 받을 수 없는 거리이다.

따라서 전통적으로 함재기 이함 때 사용하던 방법은 항공모함을 바람이 불어오는 방향으로 전속으로 순항하면서 함재기를 강제로 붙잡고 출력을 최대한 높였다가 놓아버리는 것이었다. 이후 제트 함재기 도입 후에는 부족한 양력을 증가시키기 위해 로켓을 장착하여 추력을 높이는 로켓보조추진장치RATO: Rocket Assist Take Off를 추가적으로 사용하기도 했다.

하지만 어떠한 방법을 사용하더라도 이함에는 어느 정도 거리가 필요하다. 이로 인하여 항공모함의 갑판을 효율적으로 사용하는데 제한이 많았다. 이함 때 착함할 수 없음은 물론이고 주기된 함재기도 깨끗이 치워야 했다. 이런 문제점을 극복하기 위해서 제2차 세계대전 후 영국 해군은 항공모함용 증기압 사출기Steam Catapult를 발명했는데 이로 인하여 함재기의 이함 시 가해졌던 많은 제한을 극복하게 되었다.

사출기는 말 그대로 화살이나 새총처럼 비행기를 던져서 날려 버리는 장치다. 이로 인하여 이함 거리가 짧아지고 그만큼 갑판을 효율적으로 사용하게 되었다. 또한 이함에 필요한 연료의 소모를 줄여 함재기의 작전반경을 넓힐 수 있었다.

사실 1930년대부터 압축 공기를 이용한 초기 형태의 사출기가 영국 항공모함 글로리어스HMS Glorious에 장착되어 사용되기는 했으나 성능이 미미했다. 초기 형태와 다른 고성능 사출기의 필요성을 절감한 영국 해군의 항공대장 미첼Colin Mitchell은 항공모함의 보일러에서 나오는 강력한 증기압을 이용하여 사출기를 만들 구상을 했다. 페르세우스HMS Perseus에 증기압 사출기를 장착하여 시험했는데, 그 결과는 상당히 만족스러웠다.

이제는 스키점프대와 더불어 항공모함의 주요 이함수단이 되고 있는

항공모함 CVN-76 로널드 레이건 갑판에서 사출기에 의해 힘차게 이함하는 E/A-18. 〈US Navy〉

데 중대형 항공모함에 주로 장착되어 사용한다. 증기압 사출기는 항공모함의 진화에 있어 커다란 장을 만들었다. 새를 잡는 새총이 아니라 새를 날려 버리는 새총이라고 할까? 그런데 현재 건조 중인 미국의 최신예 항공모함 CVN-78 제럴드 포드에는 효율성이 뛰어난 최첨단의 전자기 사출기를 탑재할 예정이다. 어느덧 한 시대를 선도한 증기압 사출기도 퇴장을 준비하는 시절이 된 것이다.

여비서의 손거울 ————

함재기 조종사들에게 가장 어려운 임무는 착함이다. 아무리 커다란 항공모함이라도 하늘에서 보면 일엽편주 같다. 이렇게 작게 보이는 항공모함에서도 특정 위치에 안전하게 착함하는 것이 얼마나 어려운 일인지는 가히 상상하기조차 힘들다.

더구나 착함 시도 시 함재기는 이함 때와 맞먹는 무시무시한 속도로 내리꽂듯 착함을 해야 한다. 만일 어레스팅 후크Arresting Hook가 어레스팅 와이어Arresting Wire에 걸리지 않거나 진입이 잘못 되었을 경우 급속히 재상승해야 하기 때문이다. 따라서 순간적인 실수가 커다란 위험을 불러일으킬 수 있다. 노련한 조종사라도 착함에 실패하는 경우가 종종 있는데 함재기가 제트화되면서 약간의 실수는 비행기의 대파와 많은 인명손상을 불러와 이전과는 비교할 수 없는 손실이 종종 발생하고는 했다.

전통적인 착함 방법은 착함통제장교DLCO: Deck Landing Control Officer가 수기로 지시하는 신호에 따라 함재기를 유도하는 것이었다. 그런데 이 방법은 조종사가 신호를 오인하여 사고를 불러오곤 했고, 더구나 야간이나 악천후에 착함은 엄두를 내기 힘들 정도였다.

착함 도중 유도 실수나 조종사의 착각 등으로 툭하면 사고가 벌어지고, 경우에 따라서는 커다란 피해를 유발했다. 〈US Navy〉

　당시 영국 해군의 항공대장 굿하트^{Nicholas Goodhart}는 이 문제에 대한 해결책을 강구하기 위해 머리를 싸매던 중 화장을 고치는 여비서를 우연히 보게 되었다. 그는 갑자기 여비서에게서 손거울을 빼앗아 자기 방에 있는 모형 항공모함에 부착하고 비서에게 명령했다.

　"계속 귀관의 얼굴이 보이게 다가와서 거울을 가져가도록!"

　여비서는 영문도 모르고 상관의 명령대로 거울에 얼굴이 비치는 각도로 조금씩 자세를 낮추면서 걸어가 거울을 가져왔다. 이때 굿하트가 소리쳤다.

　"축하하네! 귀관은 최초로 거울을 보고 착함한 인물이 되었네."

　이처럼 우연한 기회에 아이디어를 얻은 그는 항공모함 착함용 반사경 ^{MLS: Mirror Landing Sight}을 만들었다. 즉, 안전한 착함 루트로 진입하는 항공기

만 거울에 모습이 비치도록 한 것이다. 착함하려는 함재기가 항공모함에서 특정 거리에 진입했을 때 거울에 함재기의 모습이 반사되면 착함통제장교는 착함 신호를 보내고, 그렇지 않으면 위험 신호를 보내서 함재기가 즉시 이탈하여 다시 착함을 시도하도록 유도하는 방식이다.

오늘날 모든 항공모함은 이 원리를 이용한 장치로 착함을 한다. 좀 더 개량되어 전자식 감응체계가 추가된 고성능 장비를 이용하는 방법으로 바뀌었을 뿐 원리는 크게 바뀌지 않았다.

비딱하여 성공한 것 ───────

제2차 세계대전 후 제트화로 인하여 함재기의 속도, 크기, 무게가 증가하자 더불어 항공모함의 크기도 대형화가 요구되었다. 그러나 현실에서 항공모함 같은 군함을 단시간 내 건조하기는 불가능하다. 전쟁이 끝나 감군하려는 시기에는 더욱 그러했다.

이런 이유로 영국 해군은 더욱 안전하게 함재기를 운영할 방법을 찾아야만 했다. 그러한 와중에 탄생한 기술 중 하나가 바로 경사갑판[Angled]

경사갑판을 분할한 덕분에 착함이 편리해졌고, 보다 효과적으로 갑판을 사용할 수 있게 되었다. 사진은 미국의 주력인 니미츠급 항공모함의 경사갑판 구조. 〈CC BY-SA / Anynobody at en.wikipedia.org〉

Deck이다.

그 유래는 1948년 워리어HMS Warrior에 시험적으로 설치한 가변갑판 Flexible Deck에서 찾을 수 있다. 가변갑판은 갑판을 활주로와 주기장으로 양분하여 운용하는 것인데, 이 경우 적어도 함재기의 이착함 시 갑판을 텅텅 비워놓아야 하는 수고를 덜 수 있게 되었다.

물론, 이는 비상시의 경우에나 사용하는 방법이고 현재의 항공모함들도 이착함 때 되도록이면 갑판을 비워 놓는다. 사실 갑판을 효율적으로 이용하지 못하는 것은 함재기의 제트화로 인한 것이 아니라 항공모함 등장 이후 계속된 고유의 문제였다. 즉, 아무리 크다고 하더라도 비행기를 운용하는 사람 입장에서 항공모함은 항상 작았다.

미드웨이 해전에서 일본의 항공모함들이 일격을 당한 것은 폭격을 나갔던 비행대가 착함 후 보급을 받고 재출격 준비를 하던 중이었다. 다시 말해 기존 항공모함의 갑판은 이함과 착함을 동시에 할 수가 없었고 이착함 시에는 갑판을 비워 놓아야만 하는 말 그대로 이함, 착함, 주기가 따로따로 이루어질 수밖에 없는 구조였다.

그런데 제트기가 함재기로 운용되면서 특히 기존에 사용하던 착함시 스템을 계속 사용하다보니 사고 시 피해가 크게 발생하게 되었다. 예를 들어 전복 사고라도 있으면 비행기의 폭발 위험도 크며 주기된 다른 함재기에도 후폭풍의 영향을 입게 되기 때문이다.

1951년 영국의 제독 캠벨Dennis Cambell은 이전에 재미를 보았던 가변갑판을 응용하여 갑판 중심에서 10도 정도 경사를 주어 별도의 착함 전용 공간을 만들자고 제안했다. 이에 따라 아크로열HMS Ark Royal과 트라이엄프HMS Triumph의 갑판에 임시로 경사갑판을 설치하여 시험하자 상당히 효과적임이 입증되었다.

특히, 함재기의 착함시 문제가 있으면 곧바로 이함할 수 있는 터치앤고Touch&Go가 가능하여 사고를 획기적으로 줄이면서도 안전한 주기장을 확보할 수 있게 되었다. 이런 실험 결과를 바탕으로 센타우르HMS Centaur의 갑판을 경사갑판으로 개조하는 공사에 착수했다.

하지만 실전에서 그 효율성을 입증한 것은 미국이다. 미 해군은 경사갑판으로 개장한 에섹스급Essex Class 항공모함 앤티에탐Antietam을 실전에

미군 최초의 경사갑판 항공모함으로 개조된 CVA-36 앤티에탐. 〈US Navy〉

투입하여 상당히 효율적인 시스템임을 입증했다. 이후 제작된 대부분의 항공모함은 수직이착함기를 운용하는 강습함이나 경항공모함을 제외하고 예외 없이 경사갑판를 갖추었다. 삐딱하게 보아서 성공한 몇 안 되는 경우라고 할까?

비싸기는 하지만

1953년 미 해군은 최초의 핵추진 선박인 잠수함 노틸러스^{USS Nautilus}를 취역시켰다. 이것은 선박의 동력원으로 지금까지 사용하던 인력, 풍력, 화석연료를 대신한 새로운 동력원이 등장했음을 알리는 뜻깊은 사건이었다. 핵추진은 지금까지 잠수함이 가질 수밖에 없었던 운명적인 문제점을 일거에 해결하여준 탁월한 선택이었고, 장기간 잠항이 가능하게 된 덕분에 잠수함은 전략무기화되었다.

이런 핵추진기관에 주목한 미 해군은 잠수함뿐만 아니라 수상함에도 이를 적용하기 시작했다. 수상함에 원자력을 처음 도입한 것은 1959년 취역한 소련의 쇄빙선 레닌^{Lenin}호이나 수상 군함에 대한 적용과 운용은 미국이 선도했다. 그 최초의 결실이 1961년 취역한 최초의 핵추진 항공모함 CVN-65 엔터프라이즈^{Enterprise}와 순양함 CGN-9 롱비치^{Long Beach}였다.

운용 결과 롱비치와 같은 핵추진 전투함은 그 효용성이 그리 좋지 않았으나, 항공모함의 동력원으로써 핵추진은 상당히 효과적인 것으로 입증이 되었다. 비록 고가의 건조비에 놀라 후속 항공모함인 CV-66 아메리카^{America}를 재래식 동력 항공모함으로 제작했지만, 핵추진 동력원을 가진 항공모함의 효용성이 워낙 뛰어난 것으로 입증되어 이후 제작된

핵추진 전투함들인 항공모함 엔터프라이즈, 순양함 롱비치와 구축함 베인브리지의 순항 모습. 핵추진 시대의 도래를 상징하는 대표적인 사진이다. 〈US Navy〉

니미츠급 항공모함은 모두 핵추진으로 제작했고, 현재 미국이 운용하는 모든 항공모함이 핵추진이다.

항공모함이 다른 군함과 구별되는 특징 중 하나가 갑판이다. 그런데 툭 튀어나온 연돌은 항공모함을 제약하는 고질적인 문제점이었다. 핵추진기관이 도입되면서 연돌이 제거되자 그만큼 공간을 더 활용할 수 있게 했고, 연돌을 통한 열기 분출로 인한 기류 변화를 원천적으로 제거하여 이착함을 좀 더 안전하게 할 수 있었다.

그리고 핵추진은 재래식 동력에 비하여 선박 추진에 필요한 연료 보관 및 보급 문제를 해결하여 여유 공간만큼 함재기용 연료와 무기를 더 많이 탑재할 수 있어서 수시 보급에 따른 운용상의 제약을 많이 벗어났다. 미드웨이급^{Midway Class} 항공모함의 경우 이틀에 한번 꼴로 보급을 받

현재 건조 중인 최신예 항공모함 CVN-78 제럴드 포드의 모습. 비록 건조에 많은 비용이 들지만 핵추진은 항공모함에 적합한 동력수단이다. 〈US Navy〉

아야 했고, 포레스탈급$^{Forrestal Class}$이나 키티호크급$^{Kittyhawk Class}$ 항공모함도 제약이 많기는 마찬가지였다.

이런 문제를 해결한 핵추진기관 탑재는 항공모함이 괴물로 진화하는 데 일조했다. 비록 건조 도중 여러 문제가 발생하지만 우여곡절 끝에 프랑스도 이런 효과를 알고 자력으로 핵추진 항공모함을 건조했다. 비용도 많이 들고 건조에 많은 시간이 걸리지만 항공모함의 핵추진은 앞으로도 대세가 될 전망이다.

도깨비 등장 이후 ────────

만일 운용할 함재기가 없는 항공모함이라면 마치 속없는 만두처럼 이미 항공모함이기를 포기한 그냥 허우대만 큰 비무장 군함이다. 그런데 항공모함의 필요 이유인 함재기가 항공모함의 발달을 상당히 제약하고 있다. 아니 항공모함 때문에 함재기의 발달이 더디다고 할 수도 있다. 마치 닭이 먼저인지 계란이 먼저인지 논쟁하는 것과 비슷하다.

함재기는 육상에서 운용하는 군용기에 비하여 제약이 많다. 순간적인 이함이 가능한 강력한 엔진, 충돌 같은 착함시의 충격을 흡수할 튼튼한 강착장치, 공간을 최대한 적게 차지하는 구조, 되도록 적은 중량이면서도 바닷물이나 해풍에 부식이 되지 않는 기체 재질 등이다.

이런 이율배반적인 조건을 전제하고 함재기를 설계하다보면 전투와 관련한 비행능력이나 무장 탑재 등이 어쩔 수 없이 작아질 수밖에 없었고, 이런 이유 때문에 함재기의 성능이 육상 이착륙 작전기에 비해 떨어졌다. 이는 오랫동안 극복하기 어려운 한계로 여겨왔다.

본격적으로 항공모함을 운용한 태평양전쟁에서도 함재기의 능력 제한으로 말미암아 항공모함을 전략 플랫폼이 아닌 전술작전용으로 사용할 수밖에 없었다. 이후 벌어진 이오지마, 오키나와 전투 같은 혈투는 일본 본토를 직접 타격할 중장거리 폭격기를 운용하기 위한 비행장의 확보가 주목적이었다.

함재기를 이용하여 일본 본토에 대한 전략폭격이 충분히 가능했다면, 수십 척의 항공모함을 작전에 투입한 미국이 굳이 막심한 피해를 감내하고 태평양에 있는 여러 섬을 차지하기 위해 상륙전을 실시하지 않았을 것이다. 이 섬들은 고립만 시키면 시간이 걸리더라도 자연적으로 항복할 수밖에 없기 때문이다.

제공분야에서 육상발진용 전투기와 맞먹는 일본의 제로, 미 해군의 F6F, F4U 같은 훌륭한 전투기들이 출현했지만, 타격용 전술기는 여전히 운용에 제약이 많았고 더구나 제트시대로 들어와서는 제공 분야 전투기조차 뒤처질 수밖에 없었다. 거기에 더해 핵무기와 장거리 유도탄 등의 등장 이후로 한때 미군에서조차 항공모함 무용론이 대두했다.

그런데 1958년 도깨비가 등장했다. 팬텀Phantom II으로 불린 F4H(후에 F-4B로 변경)였다. 뛰어난 공대공전투능력뿐만 아니라 폭장량 또한 B-17과 맞먹는, 한마디로 지금까지 존재하던 함재기의 상식을 뒤바꾼 항공모함 탑재용 전폭기로 기존 육상기지용 전폭기들이 감히 명함을 내밀지 못할 정도였다.

이런 거대 함재기의 등장은 항공모함의 대형화와 관련이 있다. 대형 항공모함의 등장 및 앞에서 언급한 다양한 기술의 발전은 항공모함에서 운용할 수 있는 함재기의 제약을 많이 감소시켰으며 이로 인해 함재기의 거대화, 고성능화를 이룰 수 있었다. 팬텀의 등장은 이후 개발할 함재기들의 스펙이 적어도 팬텀은 능가하도록 제약을 가했다. 그리고 그런 요구에 맞추어 탄생한 함재기가 F-14 톰캣Tomcat과 F/A-18 호넷Hornet이다.

이후 항공모함은 육상기지에 연연하지 않고 적의 심장부 최단거리까지 접근하여 엄청난 폭장량을 가진 함재기들로 하여금 정밀종심타격을 가할 수 있는 전략플랫폼으로 발전하게 되었다. 다시 말해 항공모함은 제해권 다툼을 위한 움직이는 함대의 항공기지의 역할 뿐만 아니라 적의 종심에 가까이 접근하여 타격을 가할 수 있는 괴물로 진화한 것이다.

1961년 항공모함 포레스탈에 배치된 VF-74 소속의 F4H. 〈US Navy〉

이후 F-4로 이름을 바꾸게 되는 팬텀 II는 어마어마한 폭장량을 비롯한 뛰어난 능력으로 함재기의 역사는 물론 항공모함의 역할까지 바꾸었다. 〈US Navy〉

강한 만큼 약한 ————

태평양전쟁을 기점으로 항공모함은 거함거포주의를 대변하던 전함을 바다의 왕좌에서 밀어냈다. 적 함대를 하늘로부터 공격하는 것이 맷집 싸움하면서 포격전을 하는 것보다 대단히 효과적이라는 것이 입증되면서 전쟁 전에 있었던 항공모함파와 전함파의 논쟁을 종결지었다. 그런데 무시무시한 공격력을 가지고 있는 항공모함에게도 치명적인 약점이 있었다.

미드웨이 해전 당시 일본 비행대의 공격을 받는 항공모함 요크타운을 보호하려 호위함들이 발사한 대공포의 흔적이 상공에 자욱하다. 항공모함은 뛰어난 공격력에도 불구하고 방어하기가 상당히 어려운 군함이다. 〈US Navy〉

바로 공격력과 반비례하여 방어력이 형편없다는 것이다. 항공모함은 함재기를 운용하기 위해 넓고 평평한 갑판을 갖고 있다 보니 자위를 위한 무장을 장착할 공간이 적다. 공습에 약한 것은 모든 군함의 공통점이지만 항공모함은 덩치가 커서 표적이 되기 쉬운데다가 자위용 무장이 다른 수상함에 비해 형편없어 더욱 그러하다.

그래서 항공모함이 방어상 가장 취약한 시기는 적기를 요격할 전투기들이 불가피하게 자리를 비우거나 아직 이함을 완료하지 못한 순간이었다. 물론 항공모함 주변에는 항상 이를 호위하는 전투함들이 붙어 있지만 수동식 조준에 의존하는 대공포 탄막으로 무주공산이 되어있는 항공모함을 지키기는 사실 불가능했다.

제2차 세계대전이 끝나고 나서도 이러한 항공모함의 부족한 방어력을 향상시킬 뾰족한 방법은 사실 없었다. 거기에다가 전후 미사일이 항공모함에게 커다란 위협으로 등장했다. 전함의 거포 대신 작은 전투함에 달려있는 함대함미사일은 요격도 불가능하여 보였다.

세계 해군을 선도하던 미 해군은 고민과 연구를 거듭한 끝에 다중의 적 공격을 감시·탐색하여 방어할 우선순위를 결정하고 함대공미사일을 포함한 다양한 방어체계로 순차적으로 요격하는 체계를 완성했다. 바로 이것이 최강의 방공관제시스템으로 명성이 자자한 이지스^{Aegis}이다.

아직까지 이지스 체계를 통한 함대 방어가 실전에 적용된 적이 없어서 그 성능이 검증된 것은 아니지만 현재까지 개발된 대공방어체계에서 최고로 인정받고 있다. 항모전투단은 그 고유의 공격력에 최고의 방어력을 보유한 이지스함들의 호위 덕분에 더욱 무시무시한 무력투사 집단으로 성격이 변했다.

지금도 해외 분쟁 발생 시 미국이 제일 먼저 동원하는 수단이 항공모함일 만큼 그 전략적 효과는 대단하다. 무인전투기나 순항미사일 때문

에 항공모함 무용론이 다시 등장하기는 하지만 여러 나라에서 앞다퉈 도입하는 것을 보면 항공모함이 그리 쉽게 없어지지는 않을 모양이다. 앞으로 또 어떻게 변할지 궁금해진다.

2009년 키리졸브(Key Resolve) 훈련 당시 CVN-74 존 스테니스를 중심으로 구성된 한미 해군 함대. 이처럼 항공모함 전단은 이지스 체계를 갖춘 구축함들의 엄중한 호위를 받으며 작전을 펼친다. 그만큼 강하면서도 약한 무기가 바로 항공모함이다. 〈US Navy〉

chapter 12

영광의 국군 기갑사

기갑연대를 압니까?

6·25전쟁 직전 대한민국 육군의 전투부대로는 제1·2·3·5·6·7·8 사단 및 수도경비사령부(전쟁 도중 수도사단으로 개편)의 8개 보병사단과 육군본부 직할인 제17연대, 기갑연대가 있었다. 그런데 군사軍史를 살펴보면 이들 8개 사단을 구성하던 예하 연대는 이후 예속 변경이 많았다.

창군 당시의 여러 사정과 전쟁 도중 작전상 필요에 의해서였다. 때문에 현재도 국군의 간성으로 그 유구한 역사와 전통을 보유하고 있던 창

수도기계화보병사단 제1여단의 훈련 모습. 창군 직후 제1여단 예하 제1연대였다가 제7여단, 제7사단을 거쳐 현재는 수도기계화보병사단 예하로 속해 있다. 이처럼 창군 이후 많은 변화가 있었다. 《국방일보》 2013년 5월 21일.

군 8개 사단의 역사와 예하에 속해 있는 연대의 역사가 반드시 일치하지는 않는다. 예를 들어 국군 최초의 연대였던 제1연대는 제1여단, 제7여단, 제7사단을 거쳐 현재는 수도기계화보병사단의 예하부대이다.

그런데 숫자가 아닌 단대호를 가진 연대가 있음을 알 수 있다. 바로 기갑연대인데 지금도 명맥이 이어지고 있는 전통의 부대이다. 이름만으로도 알 수 있듯이 이 부대는 오늘날 세계적인 전력을 자랑하는 대한민국 기갑전력의 시작이다. 1948년 창설 후 6·25전쟁과 베트남전쟁까지 참전한 기갑연대 역사는 바로 국군 기갑사機甲史 그 자체이다. 다음은 기갑연대의 예속 및 참전기록이다.

1948년 12월 10일	서울 서빙고에서 독립수색단으로 창설
1949년 6월 20일	수도경비사령부(현 수도기계화보병사단) 창설 시 예속
1949년 11월 15일	육군본부 직할의 독립연대로 예속 전환
1950년 6월 25일	6·25전쟁 발발과 동시에 참전
1950년 6월 28일	시흥지구전투사령부 편성 시 각 혼성사단에 분산 예속
1950년 8월 28일	수도사단에 예속되어 종전 시까지 주로 동부전선에서 전투
1965년 10월 23일	수도사단 예속부대로 베트남전쟁 참전
1974년 이후	베트남에서 철군 후 수도사단을 기계화사단으로 개편 시 여단으로 승격

기갑연대는 지금은 물론 6·25전쟁 당시 남침의 선봉이었던 북한군 제105땅크여단과도 비교할 수 없는 극히 빈약한 장비를 보유한 상태로 출발했다. 장갑대대(예하 3개 중대), 기병대대(예하 2개 중대), 도보대대(예하 2개 중대)로 편제되었는데, 일부 대대만 경량의 장갑차를 보유한 무늬

창군 직후인 1948년 국군 유일의 기갑
부대였던 기갑연대가 M8 장갑차를 앞
세우고 시가행진을 하고 있다. 〈6·25전
쟁 60주년기념사업단〉

만 기갑부대였다.

기갑연대는 비록 전쟁 초기에 많은 피해를 입고 부대가 붕괴하다시
피 했지만, 국군 기갑의 선구자로서 후배들에게 한 점의 부끄러움도 없
는 용맹함을 보여 주었다. 기갑연대의 초기 모습과 용감하게 전선에서
적과 맞선 투쟁, 그리고 이를 발판으로 국군이 세계적 수준의 기갑전력
을 보유하게 되기까지의 간략한 역사를 소개한다.

장갑대대의 주력 ─────────

6·25전쟁 직전 기갑연대에서도 핵심은 국군에서 유일하게 기계화장비
로 구성된 장갑대대였다. 한국에서 물러나는 미군정으로부터 장비를 인
수하여 창설된 장갑대대는 당시 국군의 모든 대대급 부대 중 최강의 전
력을 갖춘 부대로 평가를 받지만, 이것은 당시 국군의 전력이 얼마나 빈

M8 장갑차는 창군 당시 국군의 위용을 과시하던 몇 안 되던 장비였으나 전쟁 발발 후 급격히 소모되었다.
〈6·25전쟁 60주년기념사업단〉

약했는지 반증할 자료이기도 하다.

3개 중대로 구성된 장갑대대는 M8 정찰장갑차 27대, M2/M3 반궤도 차량 24대, 무장 지프^{Jeep}차 20여 대를 보유했다. 이것이 창군 초기에 국군이 보유한 모든 기계화전투장비였다. 오늘날 국군의 기갑부대와 비교한다면 상당히 민망한 수준에서 국군의 기갑 역사가 시작된 것이다.

당시 사료를 보면 이들 장비가 혼재된 형태로 중대가 편성되지 않고 M8 중대, M2/M3 중대, 지프 중대로 각각 개별 편성되었다. 따라서 대대 전체가 작전을 펼쳐야 보다 효과적이었는데, 오히려 주력이라 할 수 있는 M8 중대조차도 소대별로 나누어 전방의 각 사단에 배속하여 분산 운용했다. 이는 다름아닌 통신 때문이었다.

해방 후 우리나라의 통신 사정은 몹시 열악했고 군도 예외는 아니었

M8 장갑차에 장착된 SCR-506 무전기는 통신시설이 열악한 당시에 상당히 요긴하게 사용되었다. 〈CC BY-SA / Minnesota Historical Society〉

다. 그런데 M8에 장착된 SCR-506 무전기는 장거리 통신에 적합하여 육군본부의 남산통신소와 전방 사단 간 통신에 사용되었다. 그래서 어쩔 수 없이 귀중한 자산을 뿔뿔이 나눈 것이다. 강릉의 제8사단에 배속한 M8 장갑차에서 송신한 육성이 남산통신소에서 수신되었다는 기록도 있다. 그러나 전쟁이 발발하자 M8을 통신용으로만 운용할 수는 없었다. 북한의 T-34 전차에 전방 부대들이 유린되자 M8은 전선으로 즉각 출동했다. 명령을 내린 상부나 이를 운용하던 병사 모두가 계란으로 바위치기인 것을 잘 알고 있었지만 망설일 수 없었다.

M8은 제2차 세계대전 당시 미군에서 정찰용으로 사용한 경장갑차였지만 우리에게는 시가행진 등에서 국군의 위용을 과시하는 중요한 무기로 취급 받았다. 당시 북한군은 M8과 비슷한 성능의 BA-64 정찰장갑차 54대를 정찰 및 수색 용도로 운용했지만 M8이 전쟁 초기에 달려나가서 막으려던 상대는 동급의 장갑차가 아니라 전차였다. 화력이나

제2차 세계대전 당시 미군이 정찰용으로 사용하던 M8 그레이하운드 장갑차. 방어력이 보잘 것 없었지만 창군 당시 유일한 중화기였던지라 국군은 이를 귀중히 여겼다. 〈CC BY-SA / Minnesota Historical Society〉

방어력에서 정면으로 맞선다는 것은 말이 되지 않았다.

의정부 축선을 방어하던 제7사단을 도우려 출동한 M8의 37mm 주포가 불을 뿜어 수많은 철갑탄을 적 전차에 명중시켰지만 대부분이 팅겨나가는 참담함을 겪었다. 이런 수모에도 M8 장갑차는 김포 일대에서 북한군 제6사단을 상대로 한 지연전에서 큰 활약을 했고, 옥천 지연전에서는 적 전차의 무한궤도를 끊어버리는 선전을 펼쳤다.

이렇듯 개전 초 성능 이상의 활약을 펼친 M8 장갑차는 여러 전투에서 차례로 파괴되었고, 결국 1950년 말 국군 전력에서 사라졌다. 북진 시 청진 부근에서 전투를 벌였다는 기록이 남아있으나 흥남철수 시 적재품목에서는 발견되지 않았다. 아쉽지만 용감했던 M8 중대원들의 무용담은 사진으로만 느낄 수 있다.

장갑대대의 보조전력 —————

장갑대대의 주력은 M8이었지만 그 보조전력으로 적은 수량의 반궤도
차량과 정찰용 무장 지프차도 운용했다. M8이 오늘날 주력 전차(MBT)
역할을 했다면 반궤도차량은 병력수송장갑차(APC), 무장 지프차는 기
갑수색대 역할을 했다. 기갑부대를 전역한 예비역이나 현역이라면 기가
찰 정도이지만 국군 기갑의 역사는 이렇듯 빈약하게 출발했다.

그렇지만 초창기 선배들은 이런 환경에 굴하지 않고 적들과 용감히
맞서는 호국의 첨병으로서 역할을 다했다. 그중에는 M8 장갑차처럼 국
군 역사에 약간의 흔적을 남기고 사라진 장비가 있는데 흔히 하프트랙
^{Half Track}으로 불리는 반궤도차량이다. 전륜은 바퀴, 후륜은 무한궤도를

미군이 기갑부대의 병력수송용으로 이용하던 M3 하프트랙. 궤도를 갖추고 일부 장갑판을 덧대었지만 기갑
장비라기보다 야지 기동력을 높인 트럭에 가까웠다. 〈CC BY / D. Miller (Armchair Aviator at flickr.com)〉

장착한 차량으로 요즘에는 보기 힘든 형태이다.

이들 반궤도차량은 제2차 세계대전 당시 기계화부대의 주요장비였다. 전차와 함께 진격하는 보병들을 신속히 운반하기 위한 수단으로 사용되어 오늘날 APC 역할을 담당했다고 볼 수 있지만 야지 주행성능을 높인 트럭에 가깝다. 특히 미국의 반궤도차량 M2/M3은 부분적인 장갑 능력을 갖춘 독일 하노마그^{Hanomag} Sd.Kfz.251에 비한다면 차량으로 정의해도 무방하다.

그런데 국군은 당시 보유한 M2/M3 반궤도차량을 '반장갑차'라고 부르며 귀한 장비로 취급했다. 전차와 같은 중무장한 기갑부대의 호위를 받아야 그 능력을 제대로 발휘할 수 있는 수송용 장비를 이처럼 우리는

6·25전쟁 당시 M3 하프트랙을 기반으로 대공·대인 저지용 기관포를 장착하여 화력을 강화한 M16 MGMC. 〈US Army〉

최고의 장비로 운용했다. 사실 이런 반궤도차량으로 이동하는 보병과 함께 작전을 펼칠 기갑세력도 없었으니 이런 생각이 잘못된 것이라 할 수도 없을 것이다. 그만큼 당시 우리에게는 부족한 것이 많았다.

기갑연대의 장갑대대에는 반장갑차 24대로 구성된 중대가 있었다. 하지만 말만 장갑차지 장갑능력과 화력이 빈약한 관계로, 전쟁 전 후방 작전을 벌일 때 교통이 나쁜 오지에 병력을 수송하는 용도로만 사용되었다. 반면 기갑연대가 보유했던 반궤도차량은 경북 청송에서 기갑연대가 북한군 제12사단에 포위당하는 악조건에서도 적의 진격을 10일 이상 막으며 분투하던 도중 장열하게 전멸한 것으로 알려진다.

더불어 장갑대대에는 M1919 기관총을 장착한 지프차 20여 대로 구성된 기동중대가 있었다. 지프차에 기관총을 장착하는 것은 제2차 세계대전 당시 북아프리카 전선에서 미군이 지프차를 정찰 및 수색 용도로

창군 초기 시가행진 도중 촬영된 지프차중대와 M8 장갑차. 탈부착식 M1919 기관총을 장착하여 공격력을 높였지만 제한적 임무에만 투입할 수 있었다. 《국방일보》 2008년 7월 9일.

투입할 때 사용하던 방식이었는데, 정확도 등을 고려한다면 이동 중 사격은 별다른 효과가 없어 보인다. 아마도 정차 중 사격이나 목표까지 이동 후 탈착하여 사격하는 전술을 사용했을 것으로 추정한다.

오늘날 미군이 운용하는 험비(HMMWV)와 비슷한 역할을 했으나 험비와 비교한다면 장갑과 기동능력이 빈약했다. 전쟁 전 미국군사고문단 보고서에 따르면 지프차의 기동력을 이용하여 적의 배후를 우회 포위하는 훈련에서 탁월한 성과를 보였다고 기록되었으나 정작 전쟁 당시의 전과에 대해 알려진 것은 없다.

다만 전쟁 초기에 긴급 편성된 김포지역방어사령부의 최복수 중령이 김포공항 탈환작전에서 기관총을 난사하며 지프차를 몰고 돌진하다 산화했다는 기록이 있을 뿐이다. 비록 빈약한 장비였지만 M2 반궤도차량과 무장 지프차는 당시 기갑연대 주력 부대인 장갑대대의 보조전력으로 조국을 지키기 위해 맡은 바 역할을 다했다.

기갑연대의 또 다른 주역들 ─────────

기갑연대에는 기마 300필을 보유한 2개 중대 규모로 이루어진 기병대대가 있었다. 요즘 일부 국가의 산악부대 외에는 전투부대로 기병대를 운용하는 나라는 없지만 당시에는 엄연한 전투부대였다. 장갑대대가 전쟁초기에 격파된 것에 비한다면 기병대대는 기갑연대의 여러 부대 중 최고의 전과를 올린 부대였다.

1950년 7월 말 경북 청송까지 후퇴한 기갑연대는 워낙 전력 소모가 심한 상태였다. 도보대대는 김포전투에서 상실되었고 장갑대대는 각 전선에서 거의 격파되어 단지 M8 장갑차 4대만이 청송으로 이동했다. 반

전쟁당시 기갑연대의 여러 부대 중 가장 뛰어난 전과를 보인 기병대대의 모습. 〈6·25전쟁 60주년기념사업단〉

면 당시까지 병력 200여 명의 기병대대는 편제를 대부분 유지하면서 기갑연대의 주력으로서 맹활약했다.

　오늘날 제1사단을 최고의 상승부대로 꼽는 이유는 전쟁 내내 편제를 유지했기 때문이다. 수많은 부대가 전쟁 중 해체 및 재창설의 과정을 겪고는 했는데 제1사단은 후퇴 시기에도 대부분의 편제와 장비를 보존했고 이러한 힘을 바탕으로 훌륭한 전과를 올렸다. 같은 이유로 기갑연대 중에서도 최후까지 전력을 보존하여 방어전을 펼친 기병대대의 노력은 영웅적이라 할 만하다.

　서울을 점령한 북한군은 1950년 7월 1일 한강 도하를 감행했다. 이때 긴급하게 시흥전투사령부를 편성하여 한강 남쪽에서 북한군을 방어하던 혼성부대 중에 기병대대도 있었는데, 천호동에서 한남동 대안에 이르기까지 넓은 정면을 방어하며 한강을 방패삼아 적의 공격을 막아

작전 도중 휴식을 취하는 국군. 도보대대는 기갑연대 예하부대 중 가장 먼저 산화했지만 그들의 희생을 발판 삼아 아군은 귀한 시간을 얻고 방어선을 재편할 수 있었다. 〈6·25전쟁 60주년기념사업단〉

냈고, 후퇴 시에는 기동력을 이용하여 아군을 엄호한 후 마지막으로 후퇴한 부대였다.

특히 미군 전사에는 7월 초순 경북 구미 부근에서 미 제24사단 63포병대대 B포대가 북한군에 포위되어 몰살당할 위험에 처했을 때 홀연히 나타난 기병대대의 2개 소대가 적 배후를 급습하여 이들을 구출한 전과가 상세하게 나오기도 한다. 이후 북진에도 참여한 것으로 확인되지만 1·4후퇴 후 더 이상의 기록을 발견할 수 없어 이 시기에 해체되었을 것으로 추측한다.

도보대대는 2개 중대 규모로 구성된 경무장 보병대대였는데 오늘날 수색대와 비슷한 임무를 수행했다. 개전 시에는 기갑연대 본부 및 남산 송신소 등을 방어하다가 한강 이남으로 후퇴한 후 김포지구방어사령부에 속하여 방어전에 나섰다. 북한군 제6사단이 김포반도에서 도하하면서 국군의 배후가 노출되자 도보대대가 긴급 투입되었다.

약간의 M8 장갑차의 지원을 받아 부천 및 오류동 방향으로 진출하여 방어선을 구축한 도보대대는 병력과 화력의 절대 열세에도 불구하고 북한군과 혈전을 벌여 상상외의 타격을 입힘으로써 영등포 진출을 지연시켰다. 하지만 김포공항 탈환에 실패하며 부대가 해체될 만큼의 손실을 입었고 지휘관은 자결을 했다.

　도보대대는 이처럼 기갑연대의 여러 부대 중 가장 먼저 산화한 부대가 되었지만, 중과부적의 상태에서도 최선을 다한 그들의 용맹으로 말미암아 아군 주력이 수원 이남으로 안전하게 후퇴할 시간을 벌게 되었다. 도보대대의 용맹함은 오늘날 수색대대를 비롯한 국군의 첨병부대들이 계승하고 있다.

잊히지 않을 소년전차병 ────────

기갑부대라 칭하기 부끄러운 전력의 기갑연대를 보유한 상태에서 전쟁을 맞은 국군은 242대의 T-34 전차를 앞세우고 남침을 감행한 북한군

국군에게 공급된 M36 구축전차는 엄밀히 말해 전차가 아니었다. 오픈탑 형식이어서 방어력이 없다시피 했고 이 때문에 교전 중 승무원들이 많은 피해를 입었다. 〈CC BY-SA / Fat yankey at en.wikipedia.org〉

의 기습에 일방적으로 밀려 후퇴했다. 탱크를 막을 제대로 된 무기도 없었고 대전차 전술 또한 부재하여 설령 기습이 아니었다 하더라도 침략자를 격퇴하기는 힘들었을 것이다.

울분에 찬 병사들이 육탄으로 적전차를 막아내었으나 이 또한 한계가 있었다. 이런 이유 때문에 국군은 극심한 전차 공포증에 빠졌고 전차 보유를 더욱 갈망하게 되었다. 미군의 참전으로 아군도 기갑부대의 지원을 받게 되었지만 국군이 본격적으로 기갑장비를 갖추게 된 것은 좀 더 시간이 흐른 이후다.

1950년 11월 29일, M36 구축전차 6대가 훈련목적으로 도입되고 육군종합학교에 전차병과가 설치되었다. 이러한 준비과정을 거쳐 1년이 지난 1951년 10월 5일, 마침내 최초의 전차부대인 제51 · 52전차중대가 창설됨으로써 국군은 제대로 된 기갑부대를 보유하는 감격의 순간을 맞이했다.

그런데 이때 장비한 M36은 85mm 포를 갖춘 북한군 T-34를 능가하는 90mm의 대구경 포를 장비했지만, 상부가 노출된 이른바 오픈탑 Open Top 구조의 보병 화력지원용 장비였다. 모양은 전차에 가까웠지만 실질적으로 자주포여서 방어력이 부족했다. 때문에 이를 보강하려 철판을 포탑에 덧대거나 심지어 샌드백을 쌓아 놓기도 했다.

하지만 반궤도차량을 장갑차로 취급하고 M8을 국군 최고의 중화기로 여겼던 창군 초기처럼, M36을 국군 최초의 전차로 귀하게 여기고 운용하기 시작했다. 참전 용사의 증언에 따르면 "보병을 지원하기 위해 M36을 몰고 가서 주포를 사격하면 보병들의 사기가 오르는 것이 눈에 보일 정도였다." 그 정도로 사기앙양에 커다란 역할을 담당했다.

그런데 M36과 관련하여 많이 알려지지 않은 이야기가 있다. 1952년 4월, 16~18세의 학생 120여 명으로 구성된 제57전차중대의 소년전차

M36 구축전차와 소년 전차병들. 〈6·25전쟁 60
주년기념사업단〉

병들이 바로 그 주인공들이다. 소년들은 일본에서 6개월 동안 교육 후
에 하사관으로 복무시켜준다는 이야기를 듣고 입대했으나, 약속과 달리
3개월 동안 훈련을 받은 뒤 학도병 신분으로 곧바로 연천 지역에 투입
되었다.

제57전차중대는 연천 지역에서 제1사단을 지원하며 전과를 올렸지
만 아쉽게도 이들에 대한 기록이 남아있지 않다. 참전용사가 "고지에서
밀려 퇴각할 땐 뒤에 아군의 시체를 십여 구씩 매달고 내려왔다"고 회
상할 정도로 연일 치열한 격전을 벌였으나, 단지 학도병이라는 이유로
오랫동안 기억에서 사라지고 말았다.

당시 M36은 주로 5대로 구성된 소대로 편성되어 돌격 시 배후에서
보병을 지원하는 형태로 운용되었을 뿐 공산군 전차부대와 직접 교전
을 벌이지는 않았지만, 전쟁에 본격 참전한 최초의 전차부대로서 그 역
할을 다했다. 이와 더불어 제대로 알려지지 않았던 소년전차병들의 피
눈물은 국군 기갑사에서 중요한 장을 차지하고 있다.

멀고도 험한 성장 ————

한미상호방위조약에 따라 1957년부터 총388대의 M4 전차가 도입되면서 국군은 진정한 기갑부대를 보유하게 되었다. M36은 전차로 보기 힘든 장비이므로 진정한 전차라고 할 수 있는 M4가 우리 기갑 역사의 실질적인 출발점이라 할 수 있다. 비록 북한의 T-34에 비해 열세로 평가되었지만 우리에게는 너무 소중한 전력이었다.

전후 북한이 당대 최신인 T-54/ 55 전차를 도입하자 국군도 이에 대응하여 1959년부터 총 463대의 M47 전차를 도입하여 1960~1970년대 중추 전력으로 운용했다.

국군의 베트남전쟁 파병과 주한 미 7사단의 철수로 생긴 공백을 메우고자 미국이 M48A2C 전차 400여 대와 M113 장갑차 400여 대를 지

국군은 베트남전쟁 참전 대가로 도입된 M48 전차를 기반으로 하여 본격적인 기갑부대를 운용할 수 있게 되었다. 사진은 105mm 주포로 화력을 강화한 M48A5K형으로 일선에서 아직도 운용 중이다. 〈대한민국 육군, http://navercast.naver.com〉

국산 K1 전차가 도입되면서 국군은 기갑전력에서 북한을 앞설 수 있게 되었다. 〈US Army〉

원하면서 국군 기갑부대는 다시 도약했다. 이를 발판으로 1973년 베트남에서 철군한 수도사단이 최초의 기계화사단으로 개편되고 후속하여 제1·2기갑여단이 창설됨으로써 국군도 집중화된 기갑장비를 운용할 수 있게 되었다. 하지만 이는 순전히 원조에 의존한 것이었다.

1978년 4월 7일, 신문 1면 머리기사로 우리나라에서 전차를 개발했다는 내용이 대대적으로 보도되었다. 사실 정확하게 표현하면 기존에 사용하던 구형 M48 전차의 성능을 대폭 향상시켜 전력화한 것이었다. 특히 105mm 주포를 탑재한 M48A5K는 당시 미군의 주력이던 M60과 맞먹는 성능을 보유하여 국군의 기갑전력을 향상시키는데 일조했다. 이런 개조는 이후 한국형 전차의 개발에 중요한 경험으로 축적되었다.

M48의 개조와 더불어 1970년대 말부터 우리나라는 M1 전차를 개발한 크라이슬러 디펜스Chrysler Defence의 도움을 받아 우리 지형에 맞는 신형 전차 개발에 나섰다. 이러한 노력 결과 1987년 9월, 드디어 국민들 앞에 자랑스러운 최초의 국산 전차가 모습을 드러내는데 그것이 바로 현재 국군의 주력인 K1 전차다. 이후 K1은 1,000여 대가 제작되었고 더불어 같은 시기에 개발한 K200 장갑차가 함께 제식화되었다.

현재 국군은 단위부대의 전투능력으로 세계 최고 수준으로 평가받는 6개 기계화사단과 5개 기갑여단을 운용 중이다. 그 결과 1990년대 초부터 국군은 창군 이래 계속되어 온 대북 기갑전력의 열세를 질적으로 일거에 만회하고 세계 최강의 기갑세력 중 하나로 우뚝 서게 되었다. 하지만 이것이 마지막이 아니라 진화는 계속되고 있다.

노후 전차의 대체목적으로 XK-2 차세대 전차가 현재 개발 중에 있고 K21 장갑차가 본격적으로 도입되고 있다. 비록 예상치 못한 여러 문제점으로 말미암아 생산 및 도입이 늦어지고 있지만, 지금까지처럼 어려움을 극복하고 성공적인 배치가 이루어질 것으로 판단한다. 세계 최고 수준으로 평가되고 있는 이들 장비의 본격 배치가 완료되면 국군의 기갑전력은 한 단계 더 획기적으로 향상될 것이 확실하다.

지금까지 살펴본 것처럼 국군 기갑부대는 너무나 보잘 것 없고 기갑이라는 호칭을 붙이기에 낯간지러울 정도로 미약하게 시작했다. 이처럼 민망했던 전력의 국군 기갑부대가 오늘날 막강한 전력으로 성장하기까지는 어려움 속에서도 최선을 다한 선구자들의 노력이 밑거름이 되었다.

chapter 13

수직이착륙기 개발 약사

반드시 필요한 시설 ─────────

바늘과 실처럼 비행기에 항상 따라다니는 것이 있는데 바로 비행장이다. 이 둘은 떼려야 뗄 수 없는 운명적인 관계인데 비행기라는 물건이 중력을 거부하고 항상 하늘에만 떠 있을 수는 없기 때문이다. 아니 비행기의 일생을 놓고 분석한다면 땅 위에 있는 시간이 하늘에 떠 있는 시간보다 많다.

비행기가 태어나서 가장 많이 머무르는 곳이라 할 수 있는 비행장은 비행기가 머무는 장소일 뿐 아니라 운항하는데 문제가 없도록 유지·보수하는 시설도 필수적으로 갖추고 있다. 민간용 비행장이라면 여객 및 화물을 편리하게 서비스하는 관련 시설이 있고, 군용 비행장이라면 군 작전에 필요한 각종 준비가 되어 있다. 때문에 만일 비행장 이외의 장소에 비행기가 있다면 그것은 사고이거나 이미 비행기로써 그 고유의 운명을 다했음을 뜻하는 것이다. 비행장 시설 중 대부분의 면적을 차지하는 것은 바로 활주로이다. 왜냐하면 하늘을 나는 비행기는 반드시 이곳을 통하여 땅과 연결되기 때문이다.

비행기가 이륙하려면 양력을 받을 만큼 빠른 속도로 활주해야 하는데 그러기 위해서는 속도를 최대한 가속할 만한 공간이 필요하고, 반대로 안전하게 착륙하려면 충분히 감속할 수도 있어야 한다. 바로 그러한 이유로 활주로는 충분히 크고 길어야 한다.

B-747 같이 대륙 사이를 횡단하는 거대 제트기의 경우는 이착륙에

비행장은 비행기를 운용하기 위한 각종 시설을 갖추고 있는데, 그중 이착륙을 위한 공간인 활주로는 면적의 대부분을 차지하며 비행장에 반드시 필요하고 가장 중요한 시설이다. ⓒ Ondřej Franěrk, www.lkpr.info

필요로 하는 활주거리가 다른 중소형 항공기에 비해 길기 때문에 당연히 커다란 활주로를 가진 비행장에서만 이착륙이 가능하다. 때문에 인천국제공항처럼 세계적인 민간 공항들은 그 규모가 작은 도시를 능가할 만큼 커다랗다.

반면 군용기는 상대적으로 이착륙거리가 짧기 때문에 군용 비행장은 민간 공항에 비해 활주로를 비롯한 각종 시설물의 규모가 작은 편이다. 하지만 이것 또한 여타 군사시설물과 비교한다면 그 규모가 클 뿐더러 접근이 편리한 넓고 평평한 지역에 자리 잡을 수밖에 없어 엄폐나 은폐가 불가능하다.

1941년 12월 7일 일본의 공습으로 불타는 하와이 휠러 육군 비행기지. 이처럼 아무리 비행장은 외부에 노출될 수밖에 없어 공격에 상당히 취약하다.

군용기 특히 현대전의 총아인 전투기의 경우는 그 전술적 타격능력이 여타 무기와 견줄 수 없을 만큼 뛰어나지만 역설적으로 이들이 기지로 삼고 있는 비행장은 외부로부터의 공격이 있다면 속수무책으로 당할 수밖에 없다. 만일 활주로 중간에 폭탄이라도 한 발 떨어지면 즉시 비행장의 기능을 상실할 정도로 방어에는 극히 취약하다.

항공모함처럼 바다를 돌아다니며 안전한 지역에서 작전을 펼칠 수 있는 이동식 항공기지도 있지만, 육상의 비행장은 고정식 활주로라는 태생적인 단점을 가지고 있다. 군용 비행장, 특히 전투기를 운용하는 비행장이 이러한 약점으로부터 벗어날 방법은 활주로가 작거나 아예 없더라도 전투기를 운용할 수 있게 하는 것이다.

휴전 직후인 1953년 12월 촬영된 미 육군의 H-19 헬리콥터. 6·25전쟁은 수직이착륙이 가능하여 공간 제약을 덜 받는 헬리콥터의 가능성이 확인된 전장이었다. 〈US Army〉

극복하고 싶은 제약 ─────

비행장의 많은 부분을 차지하는 활주로가 필요 없거나 혹은 이착륙에 극히 짧은 거리만 요구되는 비행기라면 굳이 비행장이라는 전통적인 제약에 얽매이지 않고 운용·투입될 수 있다. 특히 이는 거친 야전이나 악조건에서 운행될 가능성이 많은 군용기에게 더욱 요구되는 사항이라 할 수 있다.

F-22와 같은 천하무적의 전투기라 하더라도 비행장, 특히 활주로가 파괴되었다면 순식간에 지상에 묶인 값비싼 고철덩어리 밖에 되지 않는다. 때문에 비행장의 제약을 벗어난 전투기는 오래전부터 많은 군사

하늘에 떠 있는 F–22는 천하무적이지만 비행장에 내려와 있을 때는 방어에 상당히 취약하다. 이처럼 비행
장과 비행기는 불가분의 관계이며 군용기에게는 일종의 아킬레스건이기도 하다. 〈US Air Force〉

전략가는 물론 일선에서도 목마르게 갈구하던 무기라 할 수 있다.

제2차 세계대전 말기에 등장한 헬리콥터는 그런 점에서 이착륙 장소
에 거의 제한이 없는 획기적인 아이템이기는 했지만, 전투기 같은 속도
와 기동력을 발휘할 수 없는 태생적인 한계를 가지고 있다. 결국 헬리콥
터와 같이 이착륙 장소의 제한을 거의 받지 않으면서도 강력함은 그대
로 유지할 수 있는 형태의 전투기가 요구되었다.

여러 자료를 보면 오래전부터 많은 사람이 활주로의 도움 없이 즉시
이륙할 수 있는 전투기의 개발에 관심을 가졌다. 이러한 시도는 야전에

서의 필요 때문이었는데 연합군의 대대적인 폭격으로 비행장이 수시로 벌집이 되었던 제2차 세계대전 당시 독일의 경우가 특히 그러했다.

활주로를 이용하지 않는 스크램블은 방자의 입장에서 상당히 유용한 기술인데, 그 이유는 언제 있을지도 모르는 적의 내습을 대비하여 항상 공중에 요격기를 배치하기가 어렵기 때문이다. 경보가 발령되어도 적이 가까운 곳에서 내습한다면 요격기가 떠 보지도 못하고 지상에서 타격당할 가능성이 크다.

때문에 기존 전투기에 보조로켓을 부착하여 마치 미사일처럼 발사되는 형태의 요격 시스템을 연구하고 실험했다. 문제는 착륙이었다. 좁은 공간에서 어떻게든 이륙은 할 수 있지만 반대로 활주로 없이 전투기를 안전하게 착륙시킬 방법이 없었다.

결국 수직이착륙 및 단거리이착륙이 가능한 전투기가 실전에서 진짜

부스터를 이용해 이륙거리 단축 실험 중인 전투기. 이처럼 다양한 방법을 통해 이륙 제한을 극복하려 했다.

필요한 물건임을 깨닫게 되었다. 활주로가 아예 필요 없거나 아니면 극히 짧은 활주로만 필요로 하는 전투기를 제작할 수 있고 이를 실전에 투입할 수 있다면, 전술적으로는 물론 전략적으로도 엄청난 이점이 있다.

다양한 도전 ─────

수직이착륙VTOL: Vertical Take Off and Landing 또는 단거리이착륙STOL: Short range Take Off and Landing 아니면 이 둘을 혼합한 형태의 이착륙방식에 대한 연구는 이미 제2차 세계대전 직후부터 항공 분야 선진국에서 실시되고 있었다. 그런데 목적은 같지만 방법은 연구 주체나 아이템별로 조금씩 차이가 있었는데, 이를 알아보면 각각 다음과 같다.

먼저 테일시터Tail-sitters 방식이 있는데, 급속 이륙이 가능하도록 마치 로켓처럼 세워놓고 하늘로 날려 보내는 방법이었다. 가장 초보적인 개념의 수직이륙방식으로 우주왕복선의 발사 형태라고 생각하면 이해가 쉬울 것 같다. 록히드Lockheed의 XFV, 콘베어Convair의 XFY 포고Pogo, 라이언Ryan의 X-13 버티제트Vertijet 등이 실험기로 만들어졌다.

하지만 이 방식은 기체 구조를 극도로 제한하여 전투기로 활용하기 힘들었고, 결국 이러한 이유로 실용화하기에는 문제가 많아 단지 실험으로만 그치게 되었다. 아마 군용기로 제식화되었다면 비상 스크램블을 대기하는 파일럿들이 기체에서 수직으로 앉아 장시간 기다리는 것부터 보통 고역이 아니었을 것이다.

다음의 방법은 틸트로터Tilt-Rotor, 틸트윙Tilt-Wing 방식인데, 헬리콥터의 수직이착륙 방식을 고정익기에 도입한 것이라 보면 된다. 일단 엔진과 주익을 수직으로 세워 놓고 이착륙하되 적정 고도에 올라가면 수평

테일시터 방식의 라이언 X-13은 잠수함 탑재를 목적으로 했다. 〈US Air Force〉

수직으로 이륙했다가 동력의 방향을 바꿔 수평비행하는 틸트윙 방식의 CL-84. 자세 제어에 어려움을 겪어 단지 4기만 시험 제작되었다. 〈San Diego Air & Space Museum〉

기술의 발전에 힘입어 미 해병대에 실전배치된 V-22 오스프리. 하지만 자세 제어 문제로 제식화에 많은 어려움을 겪었다. 〈US Air Force〉

으로 돌려서 비행하는 형식이다. 실험용으로 제작한 캐나데어^{Canadair}의 CL-84 다이나버트^{Dynavert}나 21세기에 미 해병대가 강습용 항공기로 제식화한 V-22 오스프리^{Osprey}가 이에 해당된다.

수직에서 수평으로 혹은 그 반대로 로터나 주익을 자유자재로 회전시키는 것은 상당히 어려운 고난도의 기술이다. 더불어 제트 추진을 사용하는데 기술적 난제가 많아 고기동을 요구하는 전투기 등에 이를 적용하는데 어려움을 겪고 있다.

다음으로 분리추력^{Separate Thrust and Lift} 방식이 있는데 말 그대로 수직이착륙을 위한 동력과 수평비행을 위한 동력을 따로 두어 용도에 맞게 사용하는 것이다. 수평비행을 위해 제트엔진을 장착할 수도 있어서 고기동의 전투기나 요격기에 적용이 가능하다. 록히드의 XV-4, 다소^{Dassault}의 미라주^{Mirage} IIIV 등이 실험적으로 제작되었고 소련의 Yak-38은 함재기로 사용되기도 했다.

소련의 Yak-38 함재기. 분리추력방식을 사용하여 수직이착륙이 가능했지만 소련 해군 조종사들도 탑승을 꺼려할 만큼 전투기로써의 성능은 기대 이했다. 하지만 이후 기술이 발전하면서 현재 개발 중인 F-35도 분리추력방식을 일부 이용하고 있다. 〈CC BY-SA / RIA Novosti archive / Vladimir Rodionov〉

두 가지 형식의 엔진을 하나의 기체에 갖추다보니 당연히 구조가 복잡하고 추가된 엔진이 차지하는 공간만큼 무장이나 항속거리 등에 제한이 따른다. 때문에 한동안 실패한 방식으로 여겨졌는데 최근 차세대 전투기인 F-35B에 수직이착륙을 보조하기 위한 리프팅엔진Lifting Engine을 장착하면서 새롭게 조명되었다. 하지만 여전히 어려운 기술이어서 개발에 상당한 난항을 겪고 있다.

마지막으로 수직이착륙(VTOL) 또는 단거리이착륙(STOL)의 역사에서 현재까지 가장 성공한 방식인 추력가변Vectored Thrust 방식이 있다. 강력한 힘을 내는 제트엔진의 노즐 방향을 자유자재로 움직여 수직이착륙은 물론 수평비행에도 사용하는 방식이다. 개념상 틸트로터나 틸트윙 방식과 유사하지만 기동력에서는 감히 비교가 되지 않는데, 이 방식은 항공역사의 명품인 해리어Harrier를 빼놓고 절대 논할 수 없다.

영국의 새로운 날개 ─────────

1957년 영국의 전통 있는 항공기 명가인 호커Hawker는 엔지니어인 캠Sydney Camm과 후퍼Ralph Hooper의 주도로 프로젝트 P.1127을 진행한다. 이는 수직이착륙이 가능한 다목적 전투기를 개발하는 것이었다. 당시 이런 시도는 앞에서 언급한 대로 미국, 소련, 프랑스 등에서 동시다발적으로 이루어졌다.

호커의 기술진은 브리스톨 엔진Bristol Engine사의 후커Stanley Hooker가 제안한 추력가변형 제트엔진 기술을 주목하고, 그들이 연구하는 수직이착륙기의 추진체에 이를 적용하고자 했다. 추력가변형 엔진은 개발이 어렵지만 다른 나라가 추진 중인 것으로 알려진 여타 방식보다 전투기에 효

P.1127(사진)은 실용적인 수직이착륙기의 가능성을 입증했다. 영국과 달리 연이어 실패를 거듭한 미국은 이를 도입하여 실험할 만큼 많은 관심을 보였다. 〈US Air Force〉

과적으로 적용할 수 있는 기술로 보였다.

　프로젝트에 착수한 지 3년만인 1960년 10월 21일 초도기가 수직이착륙 시험에 성공했다. 비록 1기가 실험 도중 손실되었지만 당시 총 6기의 실험기가 제작되어 추력가변형 제트엔진을 장착한 비행체가 전투기로 충분히 사용할 수 있음을 입증했다. 제2차 세계대전 초기에 독일의 폭격으로 비행장 운용에 많은 어려움을 겪은 영국 공군은 이 프로젝트에 관심을 보였다.

　기지가 공격을 받아 사용 불능이 될 때 도심의 도로, 주차장, 공터 등을 비행장으로 즉시 사용할 계획을 수립한 영국 공군은 P.1127 결과물이 그들의 목적에 가장 부합한 전투기가 될 것으로 확신했다. 그 결과 1969년 4월 1일 수직이착륙기가 세계 최초로 제식화되었는데 그것이

포클랜드 전쟁 후 포트 스탠리에 주둔 중인 영국 공군의 해리어 GR.3

바로 해리어 GR.1이다.

수직으로 이륙하면 연료소비량이 많아지고 그만큼 작전반경이 줄어들게 되므로 긴급시가 아니면 지상에서 활주하여 이륙하지만, 추력가변형 엔진 덕분에 통상적인 이착륙을 하는 다른 전투기에 비한다면 활주로 사용거리는 매우 짧았다. 실전에서 어떤 효과가 있을지는 미지수였지만 비행 중 공중에서 정지는 물론 경우에 따라 후진까지도 가능했다.

이것은 전술적으로 엄청난 이점을 영국 공군에게 안겨주었다. 비록목표로 했던 초음속까지는 내지 못했지만 이전 전투기와 비교할 수 없을 만큼 놀라운 기동력으로 공대공전투 시 속도의 약점을 커버할 수 있고, 장소에 구애받지 않고 최전선 가까이에서 공대지 공격을 가할 수 있는 플랫폼이 될 것으로 판단했기 때문이다. 훌륭한 보조 전술기로 손색

중형 항공모함 R09 아크로열과 여기에 탑재되어 운용 중인 F−4K(팬텀 FG1). 국력의 쇠퇴로 말미암아 이들을 퇴역시켜야 할 영국 해군에게 해리어가 대안이 되었다. 〈US Navy〉

이 없었다.

해리어 GR.1의 등장은 전통적인 해군 강국이었으나 경제적인 이유로 감축을 강요받고 있던 영국 해군에게도 희망을 주었다. 1970년대 들어 영국은 해외 식민지를 많이 상실하여 거대한 해군을 유지할 필요성이 줄었고, '이빨 빠진 사자', '유럽의 병자'로 불릴만큼 경제적으로도 나락에 빠져 대양함대를 유지하기가 힘들었다.

때문에 F-4K 같은 초대형 함재기를 운용하며 세계에 영국의 위용을 상징하던 이글HMS Eagle이나 아크로열HMS Ark Royal 같은 중대형 항공모함은 폐기 대상 1순위에 올라있었고 이들의 퇴장은 영국 해군항공대의 몰락을 의미하는 것이기도 했다. 이처럼 상심에 빠져있던 영국 해군에게 해리어가 새로운 대안으로 떠오른 것이다.

실전에서 입증된 성능 ─────

영국 해군은 경제적인 이유로 어쩔 수 없이 퇴역시킨 중형 항공모함 대신에 경항공모함 체계를 갖추기로 결심하고 1975년 공군이 사용 중인 해리어를 개조하여 탑재하기로 발표했다. 이전과 비교한다면 객관적인 전투력 감소가 예상되므로 최선의 방법은 아니었고, 시대 상황으로 말미암아 어쩔 수 없이 선택한 차선책이었다.

이것을 공군형과 분리하여 시해리어Sea Harrier라고 부르는데 방공·제공·대함공격·정찰 등의 다양한 임무에 투입되기 위하여 세부 개량이 이루어졌다. 한편 해리어는 수직이착륙 기능이 있어 경항공모함에서 사용하는데 무리는 없지만 실전에 투입된 예가 없기 때문에 전투력은 그때까지 미지수였다.

아르헨티나 해군 소속의 쉬페르에탕다르 공격기. 엑조세 대함미사일을 발사하여 영국의 최신 구축함 셰필드를 격침하여 세계를 놀라게 했다. 하지만 영국 원정군은 해리어를 중심으로 전반적인 제공권을 확보하는 데 성공했다. 〈CC BY / Martín Otero〉

경항공모함 일러스트리우스에서 작전을 펼치는 시해리어 FRS1. 〈US Navy〉

공군의 경우는 어차피 해리어가 주력 전투기의 개념은 아니었고 선택의 폭도 다양했지만 해군형은 이전에 주력으로 사용하던 F-4K 전투기나 버캐니어Buccaneer 공격기의 조합에 비한다면 객관적인 능력이 뒤처지는 것이 주지의 사실이었으나 이마저도 감지덕지해야 했다.

하지만 해리어가 세상 사람들 앞에서 수직이착륙 능력만을 보여주는 에어쇼 용도가 아니라는 사실을 입증하는 데 그리 오랜 시간이 필요하지 않았다. 1982년 4월 2일 아르헨티나가 영국령 포클랜드를 무력 점령하여 6월 14일까지 남대서양을 배경으로 치열한 전쟁을 벌였는데, 이것이 바로 유명한 포클랜드 전쟁이다.

어차피 전면전은 아니었고 섬의 확보를 목적으로 하는 국지전이었지만 당시 전황은 영국에게 상당히 불리했다. 전장은 아르헨티나 바로 앞마당으로, 영국은 본토에서 장장 1만 3,000킬로미터를 달려가 싸워야 했다.

더구나 영국이 당장 동원할 수 있는 항공전력은 28기의 시해리어가 전부여서 10여 기의 공군 해리어 GR.3까지 긴급 충원되어야 했다. 하지만 영국군은 미라주Mirage III, 대거Dagger, A-4등 90여 기의 고정익 전투기를 투입한 아르헨티나군을 몰아붙여 승리를 이끌어냈다. 당시 아르헨티나는 35기의 손실을 입었지만 영국의 해리어는 10기의 손실만 입어 전쟁을 승리로 이끄는 원동력이 되었다.

물론 아르헨티나의 항공전력이 항속거리의 제한 때문에 그다지 홈코트의 이점이 없었고 또한 공대공전투보다는 영국의 함정 격침이 우선 목표였기 때문에 방어에 나선 해리어가 유리한 상황이었다는 반론도 있다. 그러나 어쨌든 전쟁은 과정보다는 결과가 모든 것을 말해주므로, 해리어의 효용성이 만천하에 알려졌다고 보는 것이 맞다.

이 전쟁 결과 영국 해군이 차선책으로 선택한 시해리어 탑재 경항공

미 해병대의 AV-8B 해리어 II. 〈CC BY / D. Miller (Armchair Aviator at flickr.com)〉

모함도 운용하기에 따라서는 엄청난 전략적 효과를 발휘할 수 있음을 각인시켜 주었다. 이는 이탈리아, 스페인, 인도, 태국 등에서 수직이착륙 기를 탑재한 경항공모함 도입을 촉진하는 기폭제가 되었다.

끝나지 않은 주제 ──────

아무리 자료를 찾아봐도 제식화되어 현역에서 훌륭히 제 역할을 다한 수직이착륙기 또는 단거리이착륙기는 현재 생산이 중단된 해리어가 유일하다. 그 외 제식화된 전투기로 구소련이 항공모함 탑재용으로 개발한 YAK-38이 있었지만 이는 실전에 투입된 적이 없을 뿐더러 성능이 너무 미흡하여 실패한 기종이다.

상륙강습함 와스프에서 수직착함 실험 중인 F-35B. 하지만 개발에 상당히 난항을 겪고 잇는 것으로 알려지고 있다. 〈US Navy〉

이것은 달리 말하자면 쓸 만한 수직이착륙기 또는 단거리이착륙기를 만드는 것이 쉽지 않다는 의미이다. 자존심 강하기로 둘째가라면 서러워 할 미군 당국이 국산기 개발을 포기하고 해병대용 근접지원 전술기로 해리어를 선택했을 정도였다. 현재 가장 많이 사용하는 제2세대 해리어 AV-8B는 미국과 영국이 공동으로 개발한 것이다.

각종 자료에는 미국의 주도로 AV-8이 만들어진 것으로 표현되어 있지만, 사실 미국이 해리어를 면허생산했다고 보는 것이 맞다. 기본적인 기술에 관한 중요 노하우나 일부 부품을 영국에 의존하여 미국이 생산한 것에 지나지 않기 때문이다.

주지하다시피 F-35는 개발과정부터 영국을 비롯한 많은 국가가 참여했는데, 이 중 영국이 핵심적으로 참여한 분야가 바로 기존 해리어를 대체할 기종으로 예정된 F-35B다. 이 기종은 원래부터 미 해병대와 영국 해·공군용을 목표로 제작되고 있는데 핵심은 바로 수직이착륙/단거리이착륙 기능이다. 그만큼 영국이 이 분야에서는 선도적인 역할을 담당하고 있다.

수직이착륙 기술은 이용 가치가 충분하고 적용할 분야도 무궁무진하지만 아직 개발할 내용이 더 많은 미지의 세계이다. 만일 민간용 항공기에 자유롭게 이 기술을 사용할 수 있다면 항공물류 분야에 혁명 같은 일이 벌어질 것이다.

현재 항공을 통한 여행이나 운송은 공항을 떼어놓고 생각할 수 없는데, 공항은 사람이 사는 곳과 되도록 먼 곳에 설치되어야 하면서도 접근이 편리해야 하는 이율배반적인 조건을 가지고 있다. 앞으로 거대한 활주로를 필요로 하지 않는 수직이착륙기가 보편화된다면 공항의 크기가 지금처럼 클 필요는 없을 것이다.

이착륙과 비행으로 발생하는 불가피한 소음 때문에 도심 한가운데 있기는 힘들겠지만, 만일 이런 부분까지 해결할 기술적 발전을 이룬다면 기차역이나 버스터미널같이 도시 한가운데 공항이 등장하지 말라는 법도 없을 것이다.

처음 수직이착륙기를 연구하던 엔지니어들도 이런 점을 염두에 두었다. 아직까지 이 분야에서 이룬 성과는 극히 미미하고 특히 군사적인 분야에 한정된 것임은 부인할 수 없지만, 이렇게 앞서가는 생각을 가지고 실현하기 위해 애쓴 많은 노력가들 때문에 역사는 조금씩 발전하는 것이다. 도심 공항에서 소음 없는 수직이착륙비행기를 타고 해외로 여행하는 날을 상상해 본다.

chapter 14

뒷짐만 지고 있었을까?

이스라엘의 불법 복제품 ─────

비운의 전투기가 되어버린 라팔^{Rafale}이 우리에게는 많이 알려져 있지만 프랑스 방산업체인 다소^{Dassault}사의 명성을 만천하에 알린 대표작은 미라주^{Mirage} 전투기이다. 미라주-III, 미라주-5, 미라주-F1, 미라주-2000으로 이어 내려온 시리즈는 그동안 미국과 소련 이외의 나라에서 생산한 무기를 선택하기를 원하는 국가들의 좋은 대안이 되어왔다.

어떻게 보면 라팔도 이름만 다르지 미라주 시리즈의 연장선상에 놓인 전투기로 볼 수 있는데, 대외 판매에 난항을 겪으면서 그 뛰어난 성

미라주 시리즈의 기술력을 발판으로 탄생한 라팔. 뛰어난 전투기임에는 틀림없지만 어중간한 위치 때문에 대외 판매에 애를 먹고 있다.

능에도 불구하고 계륵 같은 존재로 전락했다. 예전 미라주의 명성을 생각한다면 라팔의 부진은 프랑스로서도 가슴 아픈 현실일 것이다. 그것은 냉전 종식 이후 값비싼 최신예 전투기의 판로가 줄어들었다는 의미이기도 하다.

그런데 미라주 시리즈가 세계적인 명성을 얻게 된 이유는 이스라엘 때문이다. 특히 1967년 6월에 이스라엘과 아랍 제국諸國 사이에서 벌어진 6일전쟁에서 이스라엘 공군이 이룩한 전과는 각종 군사관련 텍스트에 영원히 기록될 만큼 놀라운 승리였다. 압도적으로 우세하던 아랍 공군이 개전 첫날 이스라엘의 기습으로 전멸하다시피 했는데, 그 주역이 바로 미라주-III 전투기였다.

당시 이스라엘에게 전투기 같은 고급 무기를 공급하던 나라는 프랑스가 유일했다. 이스라엘은 작은 프랑스라 불릴 정도로 다양한 종류의 프랑스산 전투기를 운용했고, 이를 제작국인 프랑스보다 더 많이 실전에 투입하여 엄청난 전과를 올렸다. 덕분에 이스라엘이 선전하면 할수록 프랑스제 전투기의 명성은 높아만 갔다.

6일전쟁 당시 활주로에서 피격된 이집트 MiG-21 전투기 위로 날아가는 미라주-III 그림자.

1960년대 영광을 이끈 이스라엘의 주력기는 모두 프랑스에서 공급한 무기들이다. 사진 왼쪽에서부터 미라주-III, 슈페르 미스테르, 바투와, 미스테르-IV, 우라강.

미라주 시리즈는 이스라엘에서 네셔Nesher와 크피르Kfir로 이어지며 또 다른 형태의 진화했고, 그중 일부는 이스라엘이 실컷 사용한 후 남미 여러 국가에 수출까지 했다. 엄밀히 말해 이들은 불법 복제 미라주 전투기였다. 이와 관련하여 그동안 '이스라엘이 프랑스 몰래 전투기를 무단 복제했다'고 알려져 있었는데, 사실 우리가 잘못 이해하고 있는 부분이 있다. 다음은 그에 관한 이야기이다.

6일전쟁 이후 프랑스는 아랍 제국의 압력 때문에 이스라엘에 대한 무기금수조치를 취했는데 여기에는 이미 이스라엘에서 주문한 차세대 전투기 미라주-5J도 포함되었다. 이 조치로 인하여 노후기와 소모기를 즉시 대체하려던 이스라엘은 난관에 빠졌다. 결국 이스라엘은 모사드Mossad의 주도로 설계도를 훔치는 초강수를 써서 미라주-5J의 이스라엘판인 네셔를 자체 제작했다.

이러한 기상천외한 이야기는 그동안 첩보전의 신화로 많이 알려졌다.

그런데 한두 꺼풀만 벗겨보면 상식적으로 이해하기 힘든 부분이 한두 가지가 아니다. 먼저 도둑질을 당한 프랑스의 어정쩡한 태도부터가 그러하다. 이스라엘이 1급 기밀을 무단 강탈하고 이를 바탕으로 복제품을 만들어 수출까지 했음에도 불구하고 정작 프랑스는 먼 산 바라보듯 한 것이다. 물론 외교적으로는 이스라엘을 비난했지만 이것도 형식적인 수준에 불과했다. 한마디로 짜고 치는 고스톱 같은 분위기를 연출한 것이다. 이 때문에 프랑스가 이스라엘에게 미라주-5J를 판매하기 위하여 편법을 동원했다는 의구심을 떨칠 수는 없다. 다음의 내용을 살펴보면 더욱 그러하다.

모사드의 공작? ─────

6일전쟁의 쇼크는 실로 대단했다. 그처럼 무참하게 아랍 제국이 박살날 줄은 아무도 몰랐고 이스라엘이 갑자기 중동의 맹주로 등장하게 될 줄도 전혀 예상하지 못했기 때문이다. 강대국들은 순식간에 강력해진 이스라엘을 견제할 필요가 생겼다. 더구나 중동지역은 누구나 탐내는 석유의 보고였다.

이스라엘이 선공하여 전쟁을 벌이고 시나이 반도와 골란 고원을 강제 점령하자 국제사회에서 이스라엘을 비난하는 분위기가 형성되었다. 아랍 제국과의 관계를 등한시할 수 없던 프랑스는 결국 이스라엘에 대한 무기 금수를 선언할 수밖에 없었다. 이면에는 더 이상 이스라엘의 대두를 원하지 않던 강대국 주도의 국제역학관계도 작용했다.

전투기 같이 개발에 비용이 많이 드는 고가의 무기는 구상 단계에서부터 적정한 수요를 미리 창출할 필요가 있다. 특히 자국의 수요만으로

6일전쟁 당시 격추된 이집트 전투기를 조사하는 이스라엘군.

이를 충족할 수 없는 프랑스는 처음부터 대외 수출을 염두에 둘 수밖에 없다. 이러한 프랑스에게 이스라엘은 최고의 고객이었다. 따라서 이스라엘에 대한 무기 금수는 프랑스에게도 너무나 아쉬운 조치였다.

당시 국제 정세로 말미암아 제재에는 마지못해 참여하지만, 프랑스제 무기의 최대 수입국이자 실전을 통해 그 우수성을 입증하여 만천하에 공짜로 선전까지 해준 이스라엘을 프랑스가 하루아침에 박대할 수는 없었다.

이스라엘과 프랑스는 실질적으로는 면허생산이지만 형식적으로는 불법 복제의 형태로 이스라엘이 최신예 미라주-5J를 보유하도록 음모를 꾸몄다고 생각할 수밖에 없는 일련의 행동을 벌였다. 결론적으로 프랑스의 무기금수조치가 내려지고 불과 2년 만에 이스라엘이 만든 복제 미라주-5인 네셔가 비행에 성공하는데, 상식적으로 이것은 결코 가능한 일이 아니다.

프랑스가 미라주-5의 대이스라엘 금수조치를 내리자 이스라엘은 이를 무단 복제하여 세계를 놀라게 만들었다. 사진은 벨기에 공군의 미라주-5. 〈US Air Force〉

이스라엘이 미라주-5를 복제하려면 우선 엔진을 자체 생산할 수 있어야 하는데, 이는 적절한 기술 협력이 있어야 가능한 일이었다. 미라주-5에 장착된 엔진은 프랑스 스네크마(SNECMA)의 Atar 09C3이었는데 이미 이스라엘은 대응 구매 형식으로 자국의 벳쉐메쉬Bet Shemesh가 일부 부품을 제작하여 스네크마에 공급하던 중이었다. 바로 이때 프랑스는 이스라엘이 엔진 도면을 강탈할 수 있도록 방임했다.

당시 동종 엔진은 스네크마 외에도 스위스의 슐처Sulzer사가 면허생산하고 있었다. 1968년 4월 모사드는 유대인에 호의적이었던 슐처사의 엔지니어 프라우엔크네히트Alfred Frauenknecht를 포섭하여 무려 20만 장에 이르는 도면을 빼내는 개가를 올렸다. 연극은 바로 여기서 출발한다.

당시에는 오늘날 같은 전산시스템이 없어 도면을 청사진이나 필름으

미라주-5에 장착된 스네크마 Atar 09C3 엔진. 이를 면허생산하던 스위스 슐처사에서 모사드가 설계 도면을 비밀리에 빼내어 네셔 개발에 이용한 것으로 알려진다. 〈CC BY-SA / Jesimo11 at Wikimedia Commons〉

로 복사해야 했다. 따라서 프라우엔크네히트는 도면을 통째로 트럭에 실어 빼내다가 마지막 두 상자를 운반하던 중 스위스 경찰에 체포되었다. 그런데 24개의 박스에 담긴 20만 장의 도면을 단 한 사람이 누구도 모르게 빼낸다는 것이 과연 가능한 일이었을까? 결국 모사드의 멋진 활약으로 빼낸 도면에 의해 이스라엘이 엔진을 만든 것으로 되어버렸으나 더 웃기는 사기극은 그 전에 이미 시작되고 있었다.

이스라엘에서 태어난 최강의 미라주 ────────

엔진은 제트기의 심장 같은 부분이지만 단지 이것만 확보했다고 미라주-5 같은 고성능 전투기를 쉽게 제작할 수 있는 것은 아니다. 그런데 앞서 설명한 것처럼 이스라엘은 엔진 도면을 확보한 후 불과 1년 만인 1969년 9월 이스라엘판 미라주-5 초도기의 제작을 완료하고 시험비행에 성공했다. 이런 전투기 개발 속도는 전시에도 찾기 힘든 엄청난 수준이다.

즉 이스라엘판 미라주-5의 실질적인 제작은 이미 오래전부터 이루어졌다는 뜻이다. 오히려 이스라엘의 기체 제작에 다소의 개입이 노골적으로 이루어졌다는 것이 정설이다. 우선 생산에 필요한 주요 설비와 2기의 미라주-5J 시제기가 금수 조치 전후로 프랑스에서 밀반출되어 이

사실 미라주-5는 미라주-III의 항전장치 등이 사막 기후에 적합하지 않아 고민이 많던 이스라엘의 요구에 따라 개발이 이루어진 기종이다. 따라서 개발 전후로 제작 설비가 이스라엘로 이전되었다. 사진은 작전 중인 이스라엘군의 미라주-III.

스라엘의 국영 항공기 제작사인 IAI로 이전되었다.

이에 대해 프랑스 정부는 국제사회의 요구에 부응하여 무기금수조치에 나섰지만 민간기업인 다소의 행위까지는 막을 수 없는 일이라고 변명했다. 마치 "술 먹고 운전은 했지만 음주운전은 하지 않았다"는 궤변만큼 너무나 궁색한 변명이다.

다소는 민간기업이지만 전략물자를 생산하므로 지금도 프랑스 정부의 간섭을 받고 있다. 최신 전투기 제작설비의 대외 이전이 정부의 동의 없이 불가능한 행위임은 삼척동자라도 잘 알고 있다. 따라서 다소의 임의대로 이루어진 결과이므로 프랑스 정부는 아무런 관련이 없다는 주장은 한마디로 눈 가리고 아웅하는 행위라 할 수 있다.

어찌되었든 냄새는 너무 많이 나지만 프랑스나 이스라엘이 솔직하게

미라주-5의 무허가 복제판이라 할 수 있는 이스라엘 IAI의 네셔. 〈CC BY-SA / Jorge Alberto Leonardi〉

고백하지는 않는 한 이에 관한 진실은 앞으로도 오랫동안 감추어질 것으로 예상된다. 덕분에 몇몇 첩보영화나 스릴러에서 나오는 대로 이스라엘 모사드의 엄청난 실력과 유대인들의 뛰어난 머리로 말미암아 이스라엘이 최신예 복제 전투기를 잽싸게 만들어 낸 것으로 알려졌고 많은 이들이 그런 것으로 믿고 있다.

네셔는 1971년 양산형 기체가 생산되어 1975년까지 4개 대대분 총 61기가 생산되었다. 1973년 욤키푸르전쟁에서 15기가 교전 중 피격했지만 대신 102기의 적기를 격추한 것을 포함하여 1974년까지 모두 115기의 적기를 격추하는 전과를 거두어 이스라엘은 물론 원 제작국인 프랑스를 계속 흐뭇하게 만들었다. 그리고 이들은 아무런 제한 없이 아르헨티나 등에 대거Dagger라는 이름으로 수출되었다.

네셔의 성공에 자신감을 얻은 이스라엘은 미국의 F-4 팬텀에 쓰인 강력한 J-79 엔진을 네셔에 장착하는 실험을 벌이는데, 그 결과 속도와 기동력, 작전반경이 향상된 크피르의 제작에 성공했다. 미라주는 이스라엘로 건너와 원판을 능가하는 최강의 미라주로 발전했고 제5차 중동

네셔는 아르헨티나에 대거라는 이름으로 수출되어 포클랜드 전쟁에서 맹활약했다. 〈CC BY / Horacio Claria〉

전쟁에서 맹활약을 펼치며 성능을 만천하에 입증했다.

이후 크피르 25기를 미국 해군에 어그레서(훈련용 적기)용으로 대여했는데, 미군 당국이 외국에서 100퍼센트 제작하여 직도입된 전투기에 사상 최초로 F-21 라이온Lion이라는 별도의 단대호와 애칭을 부여했을 만큼 성능이 좋았다. 한마디로 동급의 미라주-5를 뛰어넘는 괴물이었다.

진실인가 음모인가 ────────

현재 짝퉁 미라주들은 이스라엘에서 퇴역했지만 일부는 해외에 판매되어 이스라엘 항공산업의 우수성을 세계에 각인시켰다. 미국산 엔진 때문에 한때 대외 판매에 애를 먹던 크피르도 콜롬비아, 에콰도르, 스리랑카에 수출되어 현역으로 활동 중이다.

겉으로 알려진 모사드의 도면 강탈은 재미있는 이야기지만 엄연한 범죄행위이고, 한술 더 떠 이를 기반으로 이스라엘이 무단 복제한 미라주 전투기를 파는 행위 또한 묵과할 수 없는 사안이다. 그런데 네셔와 크피르의 원천 기술에 대한 소유권을 주장할 수 있는 프랑스가 이스라엘에 항의했다는 사실은 찾기 힘들다.

혹시 K-9이 터키에서 T-155로 면허생산되면서 제3국에 대한 수출도 허락된 것처럼 국가 간에 혹은 다소와 IAI가 이와 관련한 모종의 이면계약을 하지 않았는지 의심이 가는 대목이다.

한때 차세대 전투기 도입을 놓고 F-15K와 경쟁하던 라팔의 판매를 위하여 다소는 물론이거니와 프랑스 정·관계까지 모두 나서 치열한 로비를 벌였던 사실을 상기하여 본다면, 분명 1960년대 말~1970년대 초 프랑스와 이스라엘의 관계는 의심스런 구석이 한두 가지가 아니다. 무기 거래가 언론에 공식적으로 알려진 대로 이루어졌다고 보는 것이 어쩌면 순진하다고 할 수 있다.

무기 수출은 단지 민간기업의 거래 의지만으로 성사될 수는 없다. 냉전이 종식되고 국제 무기 시장의 환경이 많이 바뀐 지금도 여러 제약 사항이 많다. 이스라엘의 전투기 무단 복제는 뻔히 보이는 행태에 의심이 가지만 증거는 없고 단지 심증만 있는 케이스라고 할 수 있다.

이제는 전투기 개발에 워낙 많은 자금과 시간이 들어가는 관계로 F-35나 EF-2000의 경우처럼 사전에 수요를 미리 계산하여 여러 나라에서 함께 개발하는 추세다. 그렇다보니 네셔나 크피르처럼 나름대로 준수한 전투기를 만들었던 IAI도 더 이상 독자개발이 어려운 상황에 봉착했고, 그 결과 차세대 전투기로 야심만만하게 추진하던 라비Lavi를 중도에 포기하는 지경이 되었다.

그것은 IAI에게 기술적 뿌리를 제공한 다소도 마찬가지인데, 회심의

퇴역하여 미국 ATAC사에서 운용 중인 크피르. ⓒ 김민기

강력한 J-79 엔진을 장착하여 성능을 향상한 크피르는 수직 미익 하단 부근 돌출 인테이크와 카나드로 미라주-5, 네셔와 구별이 가능하다. 사진은 미군이 F-21이라는 이름으로 도입하여 어그레서용으로 사용 중인 모습. 〈US Navy〉

미국의 압력을 포함한 여러 이유로 개발을 포기한 라비. F-16과 맞먹는 성능을 보유한 것으로 알려진다.
〈CC BY-SA / Bukvoed at en.wikipedia.org〉

역작으로 제작한 라팔마저 프랑스 내에서조차 충분한 수요제기가 되지 않고 대외 수출도 난항을 겪어 상업적 실패로 막을 내릴 지경에 이르렀다. 중동의 하늘을 시작으로 해서 한때 미라주 천하를 꿈꾸던 프랑스와 이스라엘, 다소와 IAI의 부침을 보면 흥미로운 구석이 있다. 아마도 서로 골방에 모여 그때가 좋았지 하며 손가락을 빨고 있지 않을까.

한때 최신예기를 둘러싼 첩보전으로 뭇사람들을 재미있게 만들었지만 내면적으로는 모종의 협조를 아끼지 않았을 것으로 추정되는 프랑스와 이스라엘의 관계를 본다면 살벌하고 냉엄한 국제 현실이 지금이나 당시에나 그리 차이가 없다는 것을 알게 된다. 과연 진실은 무엇일까?

chapter 15

인천에 잠수함 공장이?

◆◆◆

괭이부리말 ─────────

인천은 한반도에서 처음으로 잠수함이 만들어진 곳이다. 많이들 모르지만 해방 이전에 인천에서 군용 잠수함이 제작되어 전선에 투입까지 되었다. 비록 우리나라에서 두 번째로 큰 항구가 있는 도시지만 지금도 인천은 조선산업과 관련이 많지는 않다. 더구나 일제 강점 시기에는 말할 필요조차 없었는데 바로 그런 시기에 잠수함이 등장한 것이다. 다음은 이에 관한 이야기이다.

주력 산업이 아닐 뿐이지 인천에도 소규모 조선소들이 있기는 하다. 항구도시에 기항 선박의 수리와 중소형 선박의 건조를 담당하는 시설이 있는 것은 당연한 일이다. 흔히 조선소라면 현대중공업 정도를 상상하지만, 이는 우리나라 조선업이 세계를 선도할 만큼 거대해서 그런 것이지 소규모 조선소도 의외로 많이 존재한다.

인천의 조선업 역사는 오래된 편으로 기원을 따진다면 1883년 개항과 함께 시작되었다고 볼 수 있다. 목재 갑판이나 난간 수리처럼 초보적인 수준에서부터 차근차근 단계를 밟아가며 성장했지만 극히 미미한 수준이었다. 이마저도 일제의 침탈과 강제 병합으로 말미암아 우리 스스로 근대 산업을 일으킬 수 있는 기회를 놓쳐버렸다.

이후 힘으로 한국을 강제 병합한 일본은 체계적으로 식민지를 수탈하기 위해 사회간접자본 확충에 들어갔다. 이때 한적한 포구였던 제물포는 대대적으로 개발이 이루어졌다.

개항 직후인 1896년 촬영된 제물포(현재 인천항 부근) 일대. 좌측의 3층 건물은 우리나라 최초의 호텔인 대불호텔이다. 바로 이때부터 서울의 관문으로서 인천의 근대화와 개발이 시작되었지만 아쉽게도 외세가 주도하는 것이었다.

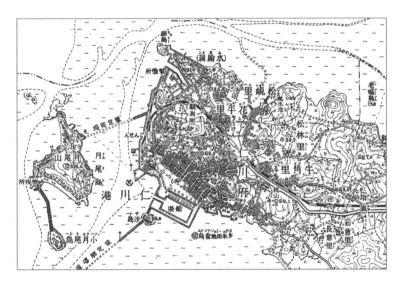

아직 제1선거와 월미도 방파제가 만들어지기 전인 1917년 인천의 지도. 북쪽의 만석동 일대가 일부 매립되었지만 아직 묘도가 훼손되지 않은 상태. 이때부터 일제는 매립지를 중공업지대로 조성했는데 현재도 많은 시설이 가동 중이다.

일본에도 없던 거대한 갑문을 설치하여 전천후로 선박이 접안할 수 있는 제1선거(현재의 내항 1부두)를 1918년 완공했고, 월미도와 인천역 사이에 방파제를 축조하여 내항內港을 만들었다. 더불어 산업용지로 사용하고자 묘도猫島를 비롯한 방파제 바깥에 산재한 여러 섬을 허물고 갯벌을 매립했다. 이렇게 조성된 지역이 김중미 작가의 소설『괭이부리말 아이들』로도 잘 알려진 만석동萬石洞이다.

일본이 대륙 침략을 서서히 가속화하자 이를 뒷받침하기 위한 시설이 이곳에 앞다퉈 들어서기 시작했다. 1925년 니혼샤료日本車輛를 필두로 도시바덴키東芝電氣, 리켄긴소쿠理研金屬, 다이요세큐太陽石油, 니혼세분日本製粉, 도요보세키東洋紡績처럼 지금도 유수한 일본의 업체들이 자리를 잡았다.

수탈을 위해 설립된 조선기계제작소 —————

1930년대 인천에 근대식 조선소는 없었다. 일제는 식민지를 최대한 체계적이고 합리적으로 수탈하기 위해 사회간접자본이나 생산시설에 대한 투자를 최소한으로 억제했기 때문이다. 그때까지 한반도에 있던 근대식 조선소는 1937년 미쓰이三井가 주도하여 부산에 설립한 조선중공업造船重工業이 유일했는데 이것이 바로 현재의 한진중공업 영도조선소이다.

인천에서 잠수함을 만든 곳은 원래 조선소가 아니라 각종 기계를 생산한 조선기계제작소朝鮮機械製作所(이하 조선기계)이다. 조선기계는 1937년 일본의 유수한 종합기계회사인 요코야마고큐쇼橫山工業所의 출자로 설립되었는데, 일종의 국책 기관과 다름없었다. 이때 만들어져 현재도 가동 중인 만석동 공장은 1962년 현대양행(현 두산인프라코어) 설립 이전까지 남한에 존재하던 유일한 기계공업 인프라였다.

조선기계의 설립은 일본의 산금정책産金政策과 관련이 많다. 1930년대 불어 닥친 대공황을 타개하고 자금유동성 확보를 위해 일본은 대대적으로 금광 개발에 나섰는데 이것이 바로 산금정책이다. 조선총독부도 1937년 산금 5개년계획 정책을 시행했는데, 이를 위해 식민지 곳곳을 파헤칠 채굴기를 비롯한 각종 광산용 기계가 필요했다. 이러한 수탈을 위해 조선기계를 설립하여 가동하기 시작한 것이다.

그런데 그해 중일전쟁이 발발하자 광산용 기계는 뒷전으로 밀려나고 다양한 각종 기계가 생산되었다. 밤낮으로 침략에 사용될 무기, 차량, 선박 등에 들어갈 각종 장비와 부품이 생산되었는데 공급이 수요를 쫓아가지 못할 정도였다. 불과 1년 만에 해안 쪽으로 공장을 2배로 증설하는 대대적인 확장에 들어가 1942년 완공하고 기존 시설을 야마테山手 공장, 신설 공장을 가이칸海岸 공장이라 불렀다. 현재 두산인프라코어 공장도 해안도로를 기준으로 남북으로 나뉘는데 남쪽이 옛 야마테, 북쪽 일부가 가이칸이 있던 자리이다.

1946년 미 군정이 발행한 지도인데 잠수함 건조를 위해 1943년 만든 드라이독(dry dock)이 나와 있다. 해안가 철도를 기준으로 남쪽이 야마테, 북쪽이 가이칸이다.

부산 한진중공업 영도조선소는 우리나라 최초의 근대식 조선소이다. 사진은 2013년 9월 11일 영도조선소에서 진수한 차기 상륙함인 천왕봉함. 〈대한민국 해군, www.flickr.com〉

1942년은 태평양전쟁이 확장 일로로 치닫던 시기였다. 이때부터 조선기계는 철도로 직접 연결된 부평의 육군조병창과 연계하여 군수물자를 생산하는데 주력하게 되었다. 육군조병창은 일제가 중일전쟁을 치르던 1930년대 말 일본 본토 밖에 설치한 유일한 무기 제작시설이었다. 여기서 염두에 두어야 할 부분이 하나 있는데, 조선기계의 주 고객이 일본 '육군'이라는 점이다.

일본의 육군과 해군은 그 자체로 독립적인 거대한 권력기관이었다. 양군은 긍정적인 라이벌 관계가 아니라 공공연히 상대방을 가장 큰 적이라 말할 만큼 반목과 질시를 일삼았다. 각종 무기 조달과 관련한 시설의 운용이나 업체의 관리도 별도로 했다. 그런데 대부분의 시설을 일본 본토에 유지하던 해군과 달리, 육군은 중국 진출의 징검다리인 식민지

1966년 한국기계에서 선박용 디젤엔진을 생산하는 모습. 조선기계 당시부터 이와 관련한 설비가 갖추어져 있었다. 〈두산인프라코어, http://dreampioneer.tistory.com/2〉

조선에서도 관련 시설을 운용했다. 일본 본토보다 한반도에서 전선에 군수물자를 조달하는 것이 아무래도 편리하기 때문이었다. 부평의 육군 조병창이 가장 대표적인데 이외 조선기계처럼 상당수의 업체들도 육군과 거래하고 있었다. 조선기계는 2차 확장이 끝난 후인 1943년 각종 선박용 부품을 생산하던 아사노朝野 재벌의 증자와 경영 참여를 받으면서 선박용 엔진의 제작에도 나섰다.

앞에서 언급한 것처럼 전통적인 육군과의 우호 관계에다가 선박용 엔진의 제작 경험은 이후 조선기계가 잠수함을 건조하게 된 결정적 이유가 되었다. 이 글의 주제인 인천에서 건조된 그 문제의 잠수함을 주문하고 운용한 주체가 바로 일본 육군이었던 것이다. 그렇게 된 데는 너무나 기막히고 어이없는 전쟁의 이면사가 있었다.

적보다더 나쁜사이 ─────────

1942년 5월 동남아시아를 석권하고 서태평양전역을 자신의 바다로 만든 일본의 위세는 그야말로 하늘을 찔렀다. 하지만 초반의 승리에 도취한 나머지 일본은 그들의 진격이 얼마나 엄청난 후속조치를 강요당하는 일인지 깨닫지 못했다. 점령지를 고수하려면 보급망을 계속 유지해야 하는데 당연히 바다를 통한 운송로 확보가 시급한 문제가 되었다.

그해 6월, 미드웨이 해전에서 주력 항공모함들이 일거에 수장되고 이듬해 3월 과달카날 전투에서 패하자 일본은 광대한 점령지를 더 이상 효율적으로 관리할 수 없었다. 그렇다면 전선을 축소해야 했는데, 작은 섬나라에서 살아와서 그런지 영토에 대한 애착이 남달랐던 일본은 현재의 점령지를 계속 확보하는 전략을 고수했다. 그러나 이러한 오판은

미드웨이 해전에서 수장당한 항공모함 히류. 1943년이 되면서 일본은 넓은 태평양 점령지를 관리할 수단이 부족하게 되었다.

고립을 자초하는 결과를 가져왔다.

주둔 지역에 상관없이 모든 일본군은 고질적인 보급 문제로 고생했는데, 특히 드넓은 태평양에 산재한 섬에 진주하여 전적으로 외부의 보급에 의존해야 하는 일본 육군의 고통은 극심했다. 무타구치 렌야牟田口廉也 같은 이는 "일본인은 원래 초식동물이니, 길가에 난 풀을 뜯어먹으며 진격하라"는 망언으로 유명하지만 모두가 그런 정신병자는 아니었다.

일본 육군은 원만한 보급을 위해 고군분투하지만 문제를 해결할 방법이 많지 않았는데, 구조적으로 보급의 상당 부분을 담당하는 해군과 워낙 사이가 나쁜 것도 이유였다. 지난 1905년 러일전쟁의 승리는 일본 군부에 잘못된 교훈을 남겨 주었다. 해군은 육군을 상륙까지만 책임지고, 육군은 보급을 현지에서 조달하는 것을 원칙으로 삼게 된 것이다.

그런데 1943년 1월을 넘어서면서 일본 해군도 안전하게 바다로 나가기 힘든 상황이 되었다.

이처럼 자기 살 길이 바빴으니 육군에 대한 지원은 그 다음의 문제였다. 그래도 알량한 자존심이 남아 있어서 해군은 자신들의 능력이 부족하다는 현실을 솔직히 고백하지 못하고 보급품 수송에 관한 육군의 요청을 이런저런 구실을 대며 거부했다. 이러한 해군의 비협조와 견제에 분노가 폭발한 육군은 결국 스스로 배를 건조하여 보급한다는 기상천외한 결정을 했다.

하지만 열 받는다고 무턱대고 배를 만들어 태평양으로 나갈 수도 없는 노릇이었다. 자만심에 도취되어 있던 해군조차도 선단 보호에 애를 먹고 있을 만큼 상황이 나빠졌기 때문이다. 하지만 자칭 '황군(皇軍)'에게 안 된다는 것은 있을 수 없는 일이었다. 그들은 머리를 맞대고 어떠한 선박으로 격오지까지 안전하게 보급을 할 수 있는지에 초점을 맞추어

육군이 추진한 수송잠수정의 베이스가 된 니시무라(西村)급 잠수정.

연구하고 마침내 잠수함이라는 결론을 도출했다.

육군 참모본부는 즉시 나가사와 주오長澤重伍 소장이 책임자로 있는 산하 제7기술연구소에 연구를 의뢰했지만 최고의 기술진이 모여 있다는 연구소조차 잠수함에 대한 노하우는 전무한 형편이었다. 결국 조선업계를 찾아가 협력을 의뢰했는데, 처음에 업체 전문가들은 육군의 제안을 농담으로 받아들였다. 하지만 태평양에 고립되어 말라 죽어가는 육군의 현실을 이야기하자 협력을 약속했다.

일본의 매체는 연일 승리를 거두고 있다고 선전했지만 현실은 전혀 그렇지 않았다. 한 민간 연구원은 "육군이 보급을 위해 잠수함을 건조해야 할 처지라면 전쟁은 패한 것이다"라고 일기에 적었지만 그들이 이 전쟁에 관여할 방법은 없었다. 육군은 이들의 도움으로 기존에 산호 채취 등에 사용하던 니시무라西村급 소형 잠수정을 기본 플랫폼으로 삼아 일사천리로 설계도를 만들었다.

육지에서 만들어진 잠수함 ─────

육군의 잠수함은 오로지 수송이 목적이었으므로 어뢰발사관 등을 제거하여 최대한 형태를 단순화했다. 수중 배수량이 346톤에 전장이 49.5미터로 25명의 승무원이 탑승하고 속력은 수상 9.6노트, 수중 4.0노트까지 내며 약 1,600해리를 항해할 수 있도록 설계되었다. 동력으로 헤셀만Hesselman 엔진을 장착했는데 출력이 낮지만 콩기름까지도 연료로 사용할 수 있어 물자 부족에 시달리던 당시 상황을 고려한다면 상당히 효과적인 선택이었다.

육군은 이에 '3식수송잠항정三式輸送潛航艇 마루유まるゆ'란 이름을 부여하

동력으로 선택된 헤셀만 엔진은 거의 모든 종류의 기름을 사용할 수 있었다. 전후 노획된 마루유를 검사하는 모습. 〈US Navy〉

고 즉시 건조에 착수했다. 그런데 문제는 조선소가 없다는 것이었다. 아니 일본에 조선소는 많았지만 해군의 물량을 소화해 내기도 벅찬 상황이었다. 육군이 수송선단을, 그것도 잠수정으로 이루어진 수송선단을 만들겠다는 말에 콧방귀도 뀌지 않던 해군의 협력은 당연히 바랄 수 없었다.

육군이 잠수함을 만들겠다는 생각부터가 어이없는 일이었고 이런 비효율적인 시스템으로 말미암아 일본은 전쟁에서 패했지만, 미시적으로 일본 육군이 잠수정 건조에서 보여준 내용 중에는 참신한 부분이 많았다. 조선소 확보가 어렵자 사고를 전환하여 육상에서 잠수정 함체를 세 부분으로 나누어 제작한 후 바닷가로 옮겨 조립하기로 한 것이다. 육군

히타치에서 생산 중인 마루유 1급(0001급) 잠수정.

은 마루유 400척으로 구성된 수송잠항대를 예정했으므로 양산 못지않
게 공기 단축도 중요했는데, 이 과정에서 그때까지 해군도 시도해 본 적
이 없는 새로운 공법을 생각해낸 것이다. 이 방법은 지금은 대중화된 블
록 건조와 비슷했다. 건조 방법을 고안한 육군이 처음 찾아간 곳은 도쿄
쓰기시마月島에 자리 잡은 안도데고쇼安藤鐵工所(이하 안도)였는데, 장소가
협소하여 곧바로 다른 생산처도 수배했다.

이에 따라 일본 최대의 철도 차량 제작자였던 히타치세이사쿠쇼日立製
作所(이하 히타치)에게도 생산을 의뢰했다. 처음 육군의 제안을 그저 그런
보트 정도로 생각하던 히타치는 설계도를 받은 후 경악했지만 야마구
치켄山口県 공장에 잠수정 생산시설을 즉각 확충하여 1943년 4월 제작에
착수했다. 10월 진수한 마루유 1호는 많은 문제점을 노출했지만 개량
을 거쳐 1944년 1월 대량생산이 결정되었다.

개발 즉시 대량생산에 나설 수 있는 여건을 조성한 것이다. 적어도 이
부분에 있어 일본 육군의 준비와 진행 속도는 상당히 철저하고 빨랐다.

1964년 촬영된 한국기계(구 조선기계)의 전경. 1943년 만들어진 우측의 독dock에서 마루유가 최종 조립되었다. 〈두산인프라코어, http://dreampioneer.tistory.com/2〉

이미 확보한 히타치, 안도를 비롯하여 히로시마의 니혼세이고쇼日本製鋼所가 생산처로 계약을 맺었고 여기에 인천에 있던 조선기계제작소가 추가되었다. 육군에 좋은 무기와 부품을 공급하여 신뢰가 쌓인데다가 선박용 엔진을 생산한 이력이 눈에 띈 것이다.

일본 육군은 다급했다. 조선기계가 마루유 잠수정 건조를 명령 받은 것은 시험생산에 돌입하기 이전인 1943년 4월이었다. 그런데 조선기계의 기존 시설을 이용하면 그럭저럭 블록을 제작할 수는 있었지만 문제는 이를 조립하여 진수하기 위한 독dock(선거)이 없다는 점이었다. 아무리 조선소가 아니어도 최종 작업은 바다에서 해야 했다.

조선기계는 지체 없이 일본 유수의 건설사인 시미즈구미清水組에게 의

뢰하여 독 설치 공사에 들어갔다. 이와 더불어 1,300여 명의 인력을 충원하고 이들을 수용하기 위한 112동의 숙소도 함께 건설했는데 이곳이 현재 인천의 대표적 쪽방촌으로 흔히 아카사키赤崎라고 불리는 만석동의 재개발 대상 지역이다.

마지막 발악의 흔적 ──────

설비 증설과 더불어 잠수정 건조도 동시에 이루어졌는데 그만큼 전쟁은 급박하게 돌아가고 있었다. 1946년 말까지 400여 척의 잠수정을 확보하기 위하여 전차 등의 생산을 중단시키고 물자를 잠수정 생산에 모두 투입할 정도로 일본 육군의 진행은 신속하고 파격적이었다. 그들은 다음과 같이 초도생산목표를 할당했다.

일본 육군은 성능이 나쁜 기갑장비의 생산을 중단시키고 잠수정 제작에 물자를 집중하는 신속함을 발휘했다. 사진은 니혼세이고쇼에서 제작한 마루유 1001급.

히타치에 24척(1급 또는 0001급), 니혼세이고쇼에 9척(1001급), 안도에 2척(2001급), 그리고 조선기계에 3척(3001급)이 배정되었다. 조선기계에서 제작에 들어간 잠수정은 유[주] 3001~3003호로 일련번호가 부여되었고 이 때문에 마루유 3001급으로 불린다. 이들은 모두 같은 도면으로 제작되었기 때문에 그다지 차이는 없고 생산공장별로 분류했을 뿐이다.

다만 조선기계에서 제작된 3001급은 각종 원자재 및 부품의 조달을 최대한 현지에서 했다. 일본 본토 또한 전쟁 말기에 극심한 물자 부족에 시달리던 상황이어서 어쩔 수 없었다. 조선기계가 나름대로 기계 및 부속 제작에 실력이 있었고 주변에 있는 도시바, 니켄, 니혼샤료 등에서의 지원도 수월하여 잠수정 건조는 속도를 더했다. 부평에 있던 육군조병창도 많은 지원을 했다.

당시 육군조병창은 고철이나 스크랩을 가공하여 각종 무기와 부품을 제작하는 공업단지였다. 이를 위해 전쟁 말기에는 전국은 물론 중국에서 약탈한 각종 철강재가 부평으로 모였다. 당연히 잠수정에 들어갈 다

안도에서 건조한 마루유 2001급.

양한 원자재도 육군조병창에서 생산되어 조선기계에 공급되었다. 그렇다면 조선기계에서 제작된 마루유 3001급에는 우리 민중들의 한숨과 눈물이 담겨 있다고 할 수 있다.

초도 물량인 3001~3003호는 실전에 투입까지 된 것으로 기록이 남아있는데 3002호는 1945년에 풍랑을 만나 침몰되었고 3001호와 3003호는 종전 당시까지 활동한 것으로 알려지고 있다. 납품 받은 초도 물량에 만족한 일본 육군은 조선기계에 3010호까지 발주했으나 종전으로 말미암아 건조가 중단되었다. 일부는 독에서 조립 중이었는데 미군이 촬영한 사진으로 그 모습이 현재 전해지고 있다.

사진 속 마루유는 3004~3006호로 추정되는데 이들은 1949년까지 방치되다가 미군이 스크랩하여 폐기한 것으로 알려지고 있다. 조선기계가 잠수정 생산을 위해 대대적으로 확장한 점을 고려하면, 만일 전쟁이

3004~3006호로 추정되는 조선기계 제작 마루유 3001급의 모습. 종전으로 인하여 독에 방치된 상태이다.

장기화되었다면 더 많은 잠수정들이 인천에서 건조되었을 것이다. 인천 만석동의 조선기계는 그러한 역사의 현장이었다.

짜장면, 성냥공장, 잠수함 ————

잠수정의 제작은 그럭저럭 진행한다고 해도 또 하나의 커다란 문제가 있었으니 바로 승조원이었다. 육군도 수송선을 운용했기 때문에 배를 몰아본 이들이 있었지만 잠수함은 수상함과 전혀 달랐다. 그렇다고 여기까지 와서 해군에 운용을 위탁한다는 것도 말이 되지 않았다. 아직까지도 해군은 육군의 경쟁 상대였다. 결국 그들은 승조원의 자체 양성에 나섰다.

기계를 다루어 본적이 있다는 이유만으로 기갑병과 출신이 우선 선발되고, 그마저 부족하자 쇠붙이 냄새를 맡아본 이들이라면 일단 수송 잠항대원 대상에 올랐다. 해도海圖도 본 적이 없는 그들에게 요구된 것은 목적지까지 잠수함을 운전하는 기술뿐이었다.

마루유에 37mm 전차포를 붙여 놓았지만 승조원들의 안전은 담보

마루유 잠수정 출항 전 모습. 마지막이 될 수도 있다는 압박감으로 무거운 분위기는 마치 가미카제 요원들 환송 같다.

할 수 없었다. 살아서 돌아올 것이라는 가정조차 사치였을 만큼 그들은 죽음을 항상 염두에 두어야 했다. 게다가 화물 탑재 공간 확보를 위해 2~3인당 하나뿐인 침상과 드럼통을 잘라 만든 비위생적인 화장실로 인하여 정주 여건이 여타 해군 잠수함에 비해 상당히 열악했다. 한마디로 근무 자체가 전투였다.

어쨌든 이처럼 일본과 인천에서 동시 다발적으로 건조되고 승조원들이 속성으로 양성된 수송잠항대는 1944년 5월 23일 실전에 처음 투입되었다. 필리핀전선에 식량과 탄약을 보급하도록 3척의 마루유가 여타 수송선들과 선단을 이루어 출항했는데, 도중에 공격을 받아 여러 척의 수상함들은 파괴되었지만 마루유 3척은 50여 일의 항해 끝에 마닐라에 입항하는데 성공했다.

일본 육군은 이런 결과에 감격했지만 이들이 보급한 물자는 필리핀 주둔군이 2~3시간이면 소모해 버릴 100여 톤에 불과했다. 한마디로 비효율의 극치였다. 전쟁을 무조건 경제적인 효율성만 따지면서 할 수 있는 것은 아니지만 단지 2~3시간을 연명하기 위하여 육군이 수송잠항대를 만들어 운용하고 격침의 위험을 무릅쓰고 수십 일간 항해를 한다는 것 자체가 상식적인 수준을 벗어난 것이다.

그리고 많은 마루유가 대양에서 쓸쓸히 최후를 맞았다. 극심한 물자 부족으로 말미암아 애당초 목표보다 생산량이 적었던 것이, 무의미하게 죽어간 병사들의 수를 줄이는데 결정적인 역할을 했다고 할 수도 있다. 종종 일본 측 자료에서는 '최후의 감투 정신' 운운하지만 마루유는 쓸데없는 헛발질이었을 뿐이고 한반도에서 최초로 잠수함이 만들어진 인천 만석동은 반면교사의 장소라 할 수 있다.

조선기계는 이후 여러 차례 주인이 바뀌었는데, 해방 후 여타 적산敵産 기업보다 민간 불하가 늦었던 편이다. 흥미로운 점은 군함용 엔진 제작

나포되어 미 군항에 정박한 마루유. 〈US Navy〉

과 수리를 목적으로 1955~1957년 한국 해군에서 직접 운영했다는 사실이다. 1963년 국영기업인 한국기계공업으로 옷을 바꾸어 입었다가 대우중공업을 거쳐 지금은 두산인프라코어가 인수하여 각종 중장비를 생산하고 있다.

우리 현대사에서 인천은 '최초'라는 타이틀이 유달리 많은 도시이다. 철도, 고속도로, 상수도, 갑문식 항구 같은 인프라와 공원, 커피숍, 클럽 같은 시설이 처음 설치된 곳이 바로 인천이다. 짜장면, 쫄면을 비롯한 많은 음식의 고향이며 축구, 야구 같은 스포츠를 비롯한 외래문화가 가장 먼저 들어온 출입구이기도 하다. 거기에다가 성냥공장, 사이다공장, 열차공장, 총포공장 같은 다양한 산업시설도 최초로 설립되었다.

여기에 덧붙여 지금까지 알아 본 잠수함 공장도 최초다. 현재 잠수함을 조립하던 독의 대부분은 매립되어 사라지고 북쪽 일부에 작은 배를 수리하거나 건조하는 소규모 조선소만 남아 있을 뿐이다. 하지만 우리 땅에서 최초로 만들어진 잠수함에 대한 기억은 결코 유쾌하지 않다. 그 이면에 수탈과 착취의 악몽도 함께하기 때문이다.

chapter 16

한 시대를 풍미한 무기

◆◆◆

반복된 잔인한 전투 ──────

1914년 발발한 제1차 세계대전은 보불전쟁(프로이센-프랑스 전쟁) 이후 40여 년 만에 벌어진 강대국 간의 전쟁이었다. 발칸전쟁 같은 국지전이 계속 이어졌지만, 보불전쟁 이후 제1차 세계대전 이전까지의 시기는 '50년의 평화는 없다'는 유럽에서 상당히 예외적인 장기간의 평화기였다. 하지만 달콤한 평화기에도 자신의 이익을 지키고 확대하기 위한 대립과 긴장은 여전히 존재하고 있었고 당연히 군비의 증강도 계속되었다.

군사적으로 볼 때 하드웨어 측면에서 무기의 살상능력은 놀랍도록 증대한 반면 오랜 평화로 말미암아 작전전술 같은 소프트웨어는 의외로 과거 행태를 그대로 답습하는 경우가 많았다. 이는 전선에 격렬한 변동이 없었음에도 불구하고 제1차 세계대전에서 사상자가 많이 발생한 이유 중의 하나이다.

참호Trench는 제1차 세계대전 당시 서부전선을 대표하는 상징물이다. 전선을 따라 연이어 깊게 파서 만든 참호선은 공격보다는 방어를 위한 구조물인데, 참호를 구축했다는 사실은 전선이 쉽게 돌파하기 힘들 만큼 단단히 고착되었음을 의미한다. 당장 적의 공격을 막기 위해 참호를 구축했지만 문제는 이를 효과적으로 뛰어넘는 방법에 대해서는 그다지 생각하지 않고 있었다는 점이다.

결국 당시 수백만의 병사들이 참호를 뛰어넘으려다 죽어갔다. 주검의 대부분은 엄청난 포격이나 독가스에 의한 것이었지만, 돌격명령을 받고

1916년 솜 전투 당시 영국군 참호. 참호는 시간이 갈수록 더욱 깊고 단단히 변해가면서 제1차 세계대전 시의 서부전선을 상징하게 되었다. 〈Imperial War Museums〉

참호를 뛰쳐나간 병사들이 상대편 참호에서 날아오는 총탄에 속수무책으로 당한 경우도 상당했다. 오늘날 같으면 기갑장비를 이용하여 참호선을 돌파하는 작전을 펼치겠지만 당시만 해도 포격 후 보병이 "돌격, 앞으로!" 하는 방식 외에 마땅히 구사할 전술이 없었다.

한마디로 나폴레옹전쟁 시기 전술에서 크게 벗어나지 못했다. 때문에 제1차 세계대전은 공격자攻擊者가 엄청난 포격을 날린 후 용감하게 돌격하면 방어자防禦者가 이를 격퇴하는 단순한 패턴이 반복되었다. 하지만 사전에 아무리 많은 폭탄을 퍼부어도 참호에 웅크리고 있던 상대편을 완전히 제거하지는 못했다.

한편 살아남은 자들은 자신들의 진지를 향해 다가오는 적들을 멀리서부터 하나하나 요격하여 나갔다. 제1차 세계대전 당시의 주력이었던 볼트액션식 소총은 지금도 저격용으로 충분히 사용할 수 있을 만큼 강력하지만 연사력이 뒤지는 편이어서, 이 틈을 이용하여 병사들이 조금씩 전진할 수 있었다. 그러나 그 다음에 공격자들을 맞이한 것은 방어자의 기관총이었다. 참호 내에 거치한 기관총에서 난사하는 무수한 총탄에 의해 많은 돌격부대가 외마디 비명도 지르지 못하고 죽어갔다. 설령 무수한 총탄을 피해 공격자가 참호까지 달려 들어왔다 하더라도 상황은 방어자에게 계속 유리했다. 왜냐하면 참호까지 왔을 때 공격자는 이미 숨이 턱에 찰 만큼 육체적으로 극도로 피로한 상태인데, 바로 이 상태에서 방어자와 뒤엉켜 육박전을 벌였기 때문이다. 사실 방어자를 사전에 압도적으로 제압하지 못한 상태로 뛰어 들어가 백병전을 벌인다

돌격하는 프랑스군을 참호 내에서 저격하는 독일군. 이처럼 참호전은 방어 측이 절대 유리한 전투였다.

면 이기기가 상당히 어렵다.

이처럼 제1차 세계대전에서 참호전은 한마디로 방어자가 절대 우위에 설 수밖에 없는 형태의 전투였다. 하지만 후방 안전지대에 있던 지휘관은 이런 지옥을 모르고 계속해서 무책임한 돌격명령만 남발하여 병사를 마구 소모했다. 그런데 여기서 한 가지 의문이 생긴다. 수차례 죽을 고비를 넘기고 점령해야 할 최종목적지까지 왔건만 왜 병사들은 무기를 놓아두고 주먹질로 승부를 가르려 했을까?

갑자기 각광 받은 권총 ────────

앞에서 언급한 것처럼 당시에 보병들이 사용하던 주력 소총은 볼트액션 방식이라 연사가 불가능했다. 이 점은 진지에 숨어 차근차근 저격을 하는 방어자보다 마구잡이로 뛰어가야만 하는 공격자에게 불리한 요소였다. 한번 발사하면 다음 격발이 쉽지 않아서 정작 돌격 중 제대로 사격을 하기 힘들었다. 때문에 아군과 적군이 근접하면 총이 아닌 창으로써 유용하게 사용되었다.

이것이 양측이 참호 내에서 싸움을 벌일 때 총알이 충분히 장탄된 총을 들고서도 육박전을 벌일 수밖에 없었던 이유이다. 소총에 착검하면 칼보다 창에 가까운 형태이므로 베는 것보다 찔러서 싸울 수밖에 없다. 그런데 기다란 창은 평지처럼 탁 트인 곳에서 교전을 벌일 때는 효과적이지만 참호처럼 좁은 곳에서는 부적합했다. 총검을 휘두르다가 땅이나 주변에 부딪혀 대검帶劍이 부러지는 경우가 빈발했다.

때문에 좁디좁은 참호에서 적과 마주쳤다면 일단 주먹, 단검, 야전삽, 몽둥이, 돌 같은 가장 원초적인 무기로 싸우는 것이 유리했다. 제1차 세

참호 내에서 착검한 상태로 대기 중인 러시아군. 이처럼 기다란 무기로 좁은 참호에서 피아가 뒤엉켜 백병전을 벌이기는 어려웠다.

계대전 당시 참호 내 육박전에서는 방어자의 숫자가 많은 경우가 대부분이고 또한 참호의 구조를 공격자보다는 직접 파서 만든 방어자들이 잘 알기 때문에, 구조적으로 방어자가 유리한 방향으로 진행될 수밖에 없었다.

이런 식으로 공격자 측에서 낯선 상대의 참호 내에 뛰어들어 전투를 벌이는 자체가 무리였으므로 다른 방법을 궁리해야 했다. 원래 남을 죽이는 무기나 방법을 찾는 일에는 비상한 머리를 가지고 있는 것이 인간이라는 동물인지라 곧바로 참호에서도 남을 죽이기 좋은 무기를 실전에 등장시키게 되었다. 이런 생각을 현실화하는데 그리 많은 시간이 필요하지도 않았다.

이때 가장 효과적인 무기가 무엇인지 생각해보니 역시 총이었다. 아무리 칼싸움이나 몸싸움을 잘하는 육박전의 명수라도 총보다 공격속도가 빠르고 치명적일 수는 없고, 또 총 없이 적을 완벽하게 제압하기도 힘들었다. 그런데 앞에서 설명한 것처럼 참호에서 기다랗고 연사도 되지 않는 소총은 적합하지 않았다. 이때 대안으로 등장한 것이 권총이었다. 권총은 사거리가 짧고 구경이 작아서 살상력이 크지 않기 때문에 보통 지휘관들이 최후의 교전을 대비하기 위한 자위용으로나 사용한다. 하지만 권총에도 장점이 있는데 볼트액션식 소총에 비해 연사능력이 좋고, 작아서 휴대가 간편하다는 점이었다. 바로 이 점이 뒤엉켜서 치고 받는 참호 내 육박전에서는 상당히 효과적이었다.

어차피 주먹이 오갈 만한 아주 가까운 거리에서 싸우기 때문에 정확도나 사거리는 그리 문제가 되지 않았다. 또한 아무리 권총의 파괴력이 작다고 해도 근접한 곳에서 날아오는 권총의 총탄을 몸으로 튕겨낼 만큼 인간의 맷집이 강한 것도 아니었다. 즉, 권총은 사람을 죽이는 데 충분히 효과적이었다. 지금도 권총의 살상력을 우습게 아는 경우가 많지만 사실 이는 엄연한 착각이다.

권총을 들고 있는 측과 삽과 단검만 가지고 싸움에 임하는 측의 육박전은 굳이 설명하지 않더라도 쉽게 상상이 된다. 난사하는 권총세례를 피하거나 숨기에 참호는 너무 좁았다. 하지만 이러한 전술적 효과는 곧바로 반감되었다. 아군처럼 적들도 권총으로 대응하고 나선 것이다.

인간들의 잔머리가 만들어 낸 무기 ─────────

그런데 서로 권총을 가지고 같은 조건으로 싸우다보니 새로운 문제점이 나타났다. 권총은 구조적으로 6~8발 정도의 총탄만 장전할 수 있는

데 연사가 끝나면 즉시 탄창을 교환하거나 총알을 보충해야 한다. 하지만 급박하게 치고받는 참호전 속에서 장전된 총알을 소모한 후 즉시 탄창을 교환하는 것은 쉬운 일이 아니므로, 결국 다시 삽과 칼로 싸우는 경우가 비일비재했다.

결론적으로 애초의 전투방법에 권총이 추가되었을 뿐이다. 이에 독일은 권총에 대용량의 탄창을 결합하는 방법을 고안하는데 그 효과는 기대 이상이었다. 대표적으로 최대 32발의 총알을 장전할 수 있는 드럼탄창을 부착한 루거Luger P08의 경우는 좁은 참호에서 엉켜 붙어 싸울 때 성능 만점이었다.

그런데 인간들은 여기서 만족하지 않고 살상력을 좀 더 증진할 방법을 찾기 시작했다. 참호전뿐만 아니라 근접전에서 사용할 수 있는 총이 앞으로 상당히 효과적인 무기가 될 것이라 생각하고, 볼트액션식 소총보다는 작지만 기관총처럼 연사가 가능한 휴대용 소총을 개발하려고 한 것이다. 즉 휴대용 기관총을 만들고자 했다.

기관총은 그 살상력이 이미 많이 알려진 무기였지만 제1차 세계대전을 통해 그 강력함이 재조명되었다. 넓은 범위를 일순간 제압하는 가공할 연사속도는 보병들이 보유한 소총으로는 감히 흉내 내기도 힘들었다. 특히 연합국, 동맹국 가리지 않고 표준 기관총으로 쓰인 맥심 기관총Maxim gun은 '참호전의 총아'라 해도 결코 과언이 아니었다.

기관총은 일일이 정조준하여 공격하는 것 보다는 일정지역을 제압하는 데 사용하는 무기이지만 파괴력에 비례해서 운반과 휴대가 불편하다는 단점이 있다. 그런데 권총의 탄환을 사용할 수 있도록 기관총의 크기를 작게 만들면 권총에 비해서 파괴력이 뛰어나고 연사도 가능한 휴대용 소총을 개발할 수 있다는 판단이었다. 살상도구를 만드는 인간들의 창의성은 실로 대단하다고 할 수 있다.

좁은 참호 내에서 피아가 뒤섞여 싸우면서 기관단총이 탄생했다. 1915년 최초의 기관단총으로 평가하는 빌라르-페로사는 권총용 9mm 탄을 사용했지만 특이하게도 보병용이 아닌 항공기용이었다. 〈CC BY-SA / Atirador at it.wikipedia.org〉

드럼탄창을 사용하여 연사력을 높인 루거 P08 권총. 참호 내에서 근접전을 벌일 때 대단한 효과를 발휘했다. 〈CC BY-SA / Kar98 at de.wikipedia.org〉

루거 P08의 드럼탄창을 사용한 MP18은 실전에서 사용된 최초의 기관단총이다. 권총탄을 사용하다보니 독일에서는 기관단총을 기관권총(Maschinenpistole)이라 불렀다.

　이러한 개념에 의해 탄생한 총은 이후 '기관단총Submachine Gun'으로 불리는데, 일반 소총에 비하면 사거리, 정확도, 파괴력 등에서 뒤지지만 근접전에서 다수의 적을 손쉽게 제압하는데 아주 효과적인 무기로 자리 잡게 된다. 최초의 기관단총은 1915년 이탈리아에서 개발한 빌라르-페로사Villar Perosa, 참호전에서 대량으로 사용되어 명성을 떨친 것은 독일 베르크만Bergmann에서 개발한 MP18이었다.

　급박한 전쟁 상황 때문에 루거 P08의 드럼탄창을 그대로 사용하여 서둘러 전선에 데뷔한 MP18은 무기사에 또 하나의 장르를 개척한 이정표가 되었다. 필요는 발명의 어머니라고 하던가. 기관단총은 이와 같이 참호전의 결과로 빛을 본 무기였다. 하지만 정작 이들이 보무도 당당히 전선에 데뷔할 때 전쟁은 종언을 고했다.

엉뚱한 곳에서 얻은 명성 ────────

새로운 총에 대한 관심이 많던 미국 병기국 직원 존 톰슨John T. Thompson은 전선의 상황을 접하고 1917년부터 기관단총 제작을 시작했다. 종전 후인 1919년에서야 겨우 시제품이 완성되었는데 이것이 바로 톰슨 기관단총Thompson submachine gun이다. 등장은 빌라르-페로사나 MP18이 조금 빨랐지만 '기관단총SMG; SubMachine Gun'이라는 단어를 처음 사용했기에 일부 자료에서는 톰슨을 최초의 기관단총으로 보기도 한다.

톰슨 기관단총은 콜트사의 M1911 권총용 45ACP탄을 사용했는데 존 톰슨은 이 총탄의 개발에도 관여했다. 한마디로 실전에서의 생생한 경험과 당시까지의 기술을 발판으로 탄생한 새로운 개념의 총이었다. 하지만 미군은 영국군이나 프랑스군에 비해 참호전 경험이 짧아 기관단총에 대해 그다지 목말라하지 않았고 거기에다가 납품가가 너무 비싸 관심을 보이지 않았다.

결국 참호전의 경험으로 탄생한 기관단총은 엉뚱한 곳에서 빛을 보았다. 군납이 좌절되자 톰슨은 1921년 민간 판매를 시도하는데, 엉뚱하게도 갱들이 톰슨 기관단총의 가치를 먼저 알아보고 구입하여 범죄 행위에 사용하면서 명성을 얻게 되었다. 엄청난 속도로 난사할 수 있는 톰슨 기관단총의 등장은 범죄자들에게는 혁명이었다.

갱들 간 싸움은 대부분 근접전이므로 짧은 시간 내에 많은 총탄을 날리는 쪽이 절대 유리했다. 1927년 알 카포네Al Capone가 이끄는 갱단이 톰슨을 앞세워 상대 조직을 무참히 제거하면서 유명세가 하늘을 찔렀다. 더불어 갱들은 톰슨을 보다 효과적으로 사용하기 위해 자체 개량에 나섰는데 대표적인 것이 연사 시 반동을 줄여주기 위해 장착한 컴펜세이터Compensator였다.

이런 사실을 알게 된 개발자 존 톰슨은 의도하지 않은 결과에 몹시 분노했다. 하지만 역설적이게도 이러한 실전 아닌 실전을 통해 기관단총의 기능은 개선되었고, 군에서도 기관단총을 반드시 필요한 무기로 인식하게 되었다. 덕분에 1941년 12월 7일, 일본이 진주만을 기습 공격하면서 미국이 제2차 세계대전에 참전했을 때 미국은 톰슨이라는 좋은 기관단총을 보유한 상태였다.

정작 지난 전쟁에서 누구보다도 참호전의 악몽을 끔찍하게 겪었던 영국과 프랑스는 전혀 준비가 되어 있지 않았다. 근접전에서 독일군이 난사하는 MP38, MP40 기관단총의 위력에 놀라 전의를 상실하기 일쑤였다. 승전국들은 지난 전쟁에서 교훈을 얻지 못한 반면 독일은 기관단총의 효용성을 충분히 깨닫고 철저히 준비하고 있었던 것이다. 1940년 5월 독일군에게 밀려 됭케르크 해안가에 장비를 내팽개치고 구사일생으로 몸만 빠져나와 영국으로 도망간 연합군 병사들이 이구동성으로 요구한 무기는 기관단총이었다.

상황을 늦게나마 깨달은 영국은 그때서야 기관단총 제작에 뛰어들어 1942년 스텐STEN을 시급히 내놓았지만, 너무나 서두르다 보니 초기형

제2차 세계대전 당시 미군의 주력 기관단총으로 명성이 자자한 톰슨.

제2차 세계대전 시 독일의 기관단총에 놀란 영국이 시급히
제작한 스텐 기관단총. 초기 모델은 품질이 너무 조악하여
불평의 대상이 되기도 했다. 〈CC BY-SA / Grzegorz Pietrzak
(Vindicator at pl.wikipedia.org)〉

은 품질이 조악하여 '가지고 다니기 무서운 총'이라는 오명까지 들었다.
후기형에 가서 문제점을 개선하지만 늦게 준비한 만큼 많은 어려움을
겪었다.

이처럼 기관단총은 제1차 세계대전 당시 필요에 의해 탄생했지만 정
작 빛을 발한 것은 다음 전쟁에서였다. 특히 1939년 겨울에 발발한 겨
울전쟁(러시아-핀란드 전쟁)은 기관단총이 얼마나 유용한 무기인지를 여
실히 알려 준 사례였다.

명성은 영원하지 않다

소련은 제1차 세계대전과 혁명의 혼란기를 거치며 상실한 제정러시아
당시의 영토를 반드시 수복할 곳이라 생각했다. 그러한 일환으로 1939
년 11월 30일 핀란드를 침공하며 발발한 전쟁이 바로 겨울전쟁이다.

압도적 전력으로 침공을 개시한 소련은 핀란드와의 전쟁을 '누워서 떡 먹기'로 생각했다. 일부 병사는 스칸디나비아의 겨울 날씨에도 불구하고 여름철 군복을 걸치고 참전했고, 지휘관들도 "너무 전진하다 국경을 넘어 스웨덴까지 들어가는 실수는 하지 마라"라고 지시를 했을 만큼 자만의 극치를 달리고 있었다. 하지만 만네르헤임^{Carl Gustaf Emil Mannerheim}을 중심으로 똘똘 뭉친 핀란드의 대응은 철저했다.

핀란드는 예상 침공로 주요지점에 일련의 방어진지를 구축했는데 10만 명의 국민이 자발적으로 작업에 참여했다. 그들은 자신들의 홈코트를 최대한 이용한 전략으로 소련군을 응접했다. 전쟁 직후 별다른 저항을 받지 않고 핀란드 영토 깊숙이 들어온 침략자들은 서서히 지쳐가면서 대오가 흐트러지기 시작했다. 바로 이때 준비를 마친 핀란드군이 회심의 반격에 나섰다.

전력 면에서 절대 열세였던 핀란드군이 사용한 방법은 정면 공격이 아닌 비정규전이었다. 심야에 소련군 숙영지를 사방에서 동시 기습하는 유격전술로 공격했는데, 이때 핀란드군이 사용한 무기가 바로 수오미^{Suomi} KP-31기관단총이었다. 1939년 12월 8일 톨바야르비^{Tolvajarvi} 협곡에서 몰살당한 소련 제139소총사단의 참패는 이런 전투의 대표적인 예였다. 소련군 1개 사단을 공격한 핀란드군은 수오미 기관단총과 수류탄으로 경무장한 1개 소대였는데, 기습에 놀란 소련군은 어둠 속에서 자기끼리 마구 총질을 가했다.

이러한 핀란드군의 끈질긴 소부대 유격전술에 2만여 소련군이 사살되거나 동사했다. 하지만 이런 용전분투에도 불구하고 10배나 많은 전력에 밀린 핀란드는 영토의 일부를 포기하며 1940년 3월 소련과 강화했다. 끔찍한 피해에 넌덜머리가 난 소련은 강화에 즉시 응했다. 결론적으로 소련은 승리했지만 핀란드군의 6배가 넘는 엄청난 피해를 입어

핀란드의 수오미 기관단총에 놀란 소련이 그대로 복제하다시피 만든 PPSh-41 기관단총. 우리에게는 '따발총'이라는 별명으로 더욱 많이 알려져 있다. 〈CC BY-SA / George Shuklin〉

전술적으로는 패배를 당한 상황이었다. 이런 놀라운 결과를 이끄는데 기관단총의 활약은 놀라웠다.

이때 받은 충격이 얼마나 큰지 소련은 즉시 수오미 기관단총의 복제에 나섰다. 기관단총의 효용성을 깨닫지 못하던 소련에게 핀란드에서의 경험은 좋은 약이 되었던 것이다. 그렇게 해서 등장한 것이 역사상 손꼽히는 기관단총인 PPSh-41, 일명 '따발총'이다.

이후 벌어진 독소전쟁은 기관단총의 전성시대였다. 독일과 소련의 MP40과 PPSh-41이 전선의 주역으로 맹활약했는데, 양군이 서로 상대방의 기관단총이 더 좋다고 생각할 만큼 성능은 막상막하였다. 그만큼 1942년 이후의 전선은 가까이 근접하여 전투를 벌이는 상황이 많았던 것이다. 하지만 기관단총의 전성기도 거기서 막을 내려야만 했다.

연사력을 중요하게 생각하다보니 기관단총의 약한 화력은 두고두고 문제가 되었는데, 바로 그 시점에서 StG44로 대변되는 총의 새로운 역사가 시작되었다. 제2차 세계대전 말기에 기관단총의 연사력과 소총의 화력을 겸비한 돌격소총이 탄생한 것이다. 이제 모든 소총과 기관단총은 과거의 유물이 되어갔다. 현재 기관단총은 일부 목적용으로 계속 쓰이지만 예전처럼 전선의 주역으로 활약하지는 못하고 있다.

클로즈드볼트 방식을 택하여 명중률을 대폭
향상한 MP5는 특수부대용으로 많이 사용하
는 최고의 기관단총으로 명성이 자자하다.
하지만 6·25전쟁을 끝으로 기관단총은 더
이상 전선의 주력 화기로 사용되지 않는다.
〈CC BY–SA / Samuli Silvennoinen (Hecklerfan
at Wikimedia Commons)〉

　비정규전에 MP5 같은 성능이 뛰어난 일부 기관단총이 사용되고는
있지만 사거리가 짧고 살상력도 낮아서 앞으로의 전망은 그리 밝지 않
다. 사실 무기의 발달이 인류사에 긍정적이었던 적은 그리 많지 않았던
점을 고려한다면 기관단총은 흥미로운 무기이다. 보다 효과적으로 살상
하기 위해 탄생했지만 더욱 뛰어난 살상력을 지닌 다른 무기의 등장으
로 사라지는 것이다. 많은 생각이 들게 하는 부분이다.

국내 문헌

『建軍史』, 國防部 軍史編纂研究所, 2002.

『국방사연표(1945-1990)』, 國防軍史研究所, 1994.

『국방편년사(1971-1975)』, 國防部 軍史編纂研究所, 2001.

『국방편년사(1998-2002)』, 國防部 軍史編纂研究所, 2004.

김민석 외, 『신의 방패 이지스』, 플래닛미디어, 2008.

김재근, "조선공학 개척에 평생을 바치다", 『동아사이언스』 Vol. 35, 동아사이언스, 1988.

김재천, 『CIA 블랙박스』, 플래닛미디어, 2011.

남도현, "영광의 국군기갑사", 『국방과 기술』 Vol. 414, 한국방위산업진흥회, 2013.

남도현, "한국형 전투함 개발사", 『국방과 기술』 Vol. 417, 한국방위산업진흥회, 2013.

남도현, 『끝나지 않은 전쟁 6·25』, 플래닛미디어, 2010.

남도현, 『잊혀진 전쟁』, 플래닛미디어, 2013.

남도현, 『전쟁, 그리고』, 플래닛미디어, 2012.

남도현, 『GUN』, 플래닛미디어, 2013.

마크 힐리, 김홍래 역, 『미드웨이 1942』, 플래닛미디어, 2008.

마크 힐리, 이동훈 역, 『쿠르스크 1943』, 플래닛미디어, 2007.

맥스 부트, 송대범 역, 『전쟁이 만든 신세계』, 플래닛미디어, 2007.

문근식, 『(문근식의) 잠수함 세계』, 플래닛미디어, 2013.

배석만, "일제시기 朝鮮機械製作所의 설립과 경영(1937~1945)", 『학술저널』 Vol. 10, 2009.

버나드 아일랜드, 김홍래 역, 『레이테 만 1944』, 플래닛미디어, 2008.

스티븐 하트 외, 김홍래 역, 『아틀라스 전차전』, 플래닛미디어, 2013.

알렉산더 스완스턴 외, 홍성표 역, 『아틀라스 세계 항공전사』, 플래닛미디어, 2012.

윌리엄 와이블러드, 문관현 외 역, 『한국전쟁 일기』, 플래닛미디어, 2011.

유용원 외, 『무기 바이블 1』, 플래닛미디어, 2012.

유용원 외, 『무기 바이블 2』, 플래닛미디어, 2013.

『6·25 전쟁사 1집』, 국방부 군사편찬연구소, 2004.

인텔엣지(주), 『KODEF 군용기 연감 2012~2013』, 플래닛미디어, 2011.

임상민, 『전투기의 이해』, 플래닛미디어, 2012.

조지프 커민스, 채인택 역, 『별난 전쟁, 특별한 작전』, 플래닛미디어, 2009.

칼 스미스, 김홍래 역, 『진주만 1941』, 플래닛미디어, 2008.

토머스 J. 크로웰, 이경아 역, 『워 사이언티스트』, 플래닛미디어, 2011.

《경향신문》 1961년 04월 19일, "국영기업체 운영백서 (19) 조선기계"

《경향신문》 1980년 04월 08일, "우리 손으로 만들어진 최초의 전투구축함 울산함"

《동아일보》 1981년 08월 28일, "북한의 미 정찰기 공격"

《동아일보》 1984년 10월 08일, "오산부근 미군 U2기 또 추락"

《매일경제》 1984년 02월 23일, "재계산맥 (804)"

《매일경제》 1987년 06월 04일, "창립 50주년 맞는 대우중공업"

외국 문헌

Alec Harvey-Bailey, *Merlin in Perspective: The Combat Years*, Rolls-Royce Heritage Trust, 1983.

Barrett Tillman, *TBF/TBM Avenger Units of World War 2*, Osprey, 1999.

Bert Kinzey, *TBF & TBM Avenger in Detail & Scale*, Squadron/Signal Publications, 1997.

Bill Gunston, *Development of Piston Aero Engines*, Patrick Stephens, 2006.

Bill Gunston, *World Encyclopedia of Aero Engines*, Patrick Stephens, 1989.

Bill Yenne, *B-17 at War*, Zenith Press, 2006.

Carol Comegno, *The Battleship USS New Jersey*, Pediment Publishing, 2001.

Charlie Cooper and Ann Cooper, *War in Pacific Skies*, Zenith Press, 2010.

Chris Bishop, *The Encyclopedia of Weapons of World War II*, Orbis Publishing, 1998.

Chris Gibson, *The Admiralty and AEW*, Blue Envoy Press, 2011.

Chris Pocock, *The U-2 Spyplane: Toward the Unknown*, Schiffer Publishing, 2000.

David R. Higgins, *Jagdpanther vs SU-100*, Osprey, 2014.

David Reade, *The Age of Orion: The Lockheed P-3 Story*, Schiffer Publishing, 1998.

Dennis R. Jenkins, *Grumman A-6 Intruder*, Specialty Press, 2002.

Dominique Breffort, *The Mirage III: Mirage 5, 50 and Derivatives from 1955 to 2000*, Histoire et Collections, 2004.

Edward Hooton, *(Luftwaffe at War) Blitzkrieg in the West*, Vol. 2, Ian Allen, 2007.

Edward Young, *F4F Wildcat vs A6M Zero-sen*, Osprey, 2013.

Edwyn A. Gray, *The U-Boat War 1914-1918*, Combined Books, 1994.

Egbert Kieser, *Operation Sea Lion*, Cassel, 1999.

Francis Gary Powers, *Operation Overflight*, Hodder & Stoughton, 1971.

Francois Prins, "Battle of Britain: Making an epic", *FlyPast*, August 2009.

Frank Iannamico, *United States Submachine Guns*, Moose Lake Publishing, 2004.

George Franklin, *Britain's Anti-submarine Capability 1919-1939*, Frank Cass Publishers, 2003.

Gordon Newell, Allan E. Smith, *Mighty Mo: The USS Missouri a biography of the last Battleship*, Superior Publishing Company, 1988.

Gordon Swanborough, *United States Navy Aircraft Since 1911*, Naval Institute Press, 1990.

Hilary Doyle and Tom Jentz, *Sturmgeschütz III Assault Gun 1940-42*, Osprey, 1996.

John Abbatiello, *Anti-Submarine Warfare in World War I*, Routledge, 2005.

John Reilly Jr, *Operational Experience of Fast Battleships*, Naval Historical Center, 1989.

Ken Ellis, "North American A-5 Vigilante", *FlyPast*, August 2008.

Kev Darling, *P-51 Mustang (Combat Legend)*, Shrewsbury, 2002.

Lon Nordeen, *Harrier II: Validating V/STOL*, Naval Institute Press, 2006.

Marsh Gelbart, *Tanks: Main battle and light tanks*, Brassey's, 1996.

Martin Middlebrook, *Operation Corporate: The Story of the Falklands War, 1982*, Penguin Books, 1985.

Martin W. Bowman, *Castles in the Air*, Potomac Books, 2000.

Max R. Newhart, *American Battleships*, Pictorial Histories Publishing, 2007.

Michael Gannon, *Operation Drumbeat*, Naval Institute Press. 1990.

Mike Rogers, *VTOL: Military Research Aircraft*, Orion Books, 1989.

Patrick Boniface, "Tilt-wing Testing", *Aeroplane*, Vol. 28, 2000.

Paul Eden, *The Encyclopedia of Modern Military Aircraft*, Amber Books, 2004.

Paul Jackson, *(Modern Combat Aircraft 23) Mirage*, Ian Allen, 1985.

Paul Jackson, "Mirage III/5/50 Variant Briefing", *World Air Power Journal*, Vol. 14, 1993.

Peter C. Smith, *The Junkers Ju 87 Stuka*, Crecy Publishing Limited, 2011.

Peter Hore, *The World Encyclopedia of Battleships*, Hermes House, 2005.

Peter Kilduff, *Douglas A-4 Skyhawk*, Osprey, 1983.

Peter London, *British Flying Boats*, Sutton Publishers, 2003.

Peter Pugh, *The Magic of a Name: The Rolls-Royce Story, The First 40 Years*, Icon Books, 2000.

Philip Kaplan, *Battleship*, Aurum Press, 2004.

Robert F. Dorr, *B-29 Superfortress Units of World War 2*, Osprey, 2002.

Robert F. Dorr, *Vietnam Air War Debrief*, Aerospace Publishing, 1996.

Robert Mikesh, *Zero (Warbird History)*, Motorbooks International, 1994.

Steve Hazell, *Fairey Gannet (Warpaint Series No. 23)*, Hall Park Books, 2000.

Thomas Fensch, *The C.I.A. and the U-2 Program: 1954-1974 (Top Secret)*, New Century Books, 2001.

Thomas Hone, Norman Friedman, Mark David Mandeles, *American & British Aircraft Carrier Development, 1919-1941*, Naval Institute Press, 1999.

Tony Holmes, *Spitfire vs Bf 109: Battle of Britain*, Osprey, 2007.

Victor F. Bingham, *Supermarine Fighter Aircraft*, The Crowood Press, 2004.

Walter J. Spielberger, *Panther & Its Variants*, Schiffer Publishing, 1993.

Walter J. Spielberger, *Sturmgeschütz & Its Variants*, Schiffer Publishing, 1999.

Yefim Gordon, *Mikoyan Gurevich MiG-15 Fagot (WarbirdTech Vol. 40)*, Speciality Press, 2005.

인터넷

육군대학 지휘학처, http://www.army.mil.kr/history/

Achtung Panzer, http://www.achtungpanzer.com/

NavSource Naval History, http://www.navsource.org/

World Navies Today, http://www.hazegray.org/worldnav/

http://www.wikipedia.org/

http://www.globalsecurity.org/

http://www.joebaugher.com/

http://www.pacificbattleship.com/

http://www.raeng.org.uk/prizes/mitchell/pdf/shipbuilder_and_marine_engine-builder_march_1955.pdf